計算機概論十六講

單維彰◎著

中央大學出版中心 | 遠流

獻給

華洋 教授

十九年前
他的一席話
　造就
眼前這本書

前　　言

每一本書有它的使命。這本書所企圖的使命包括

(1) 嘗試一種以紙本與電子媒體互相配合的出版模式，

(2) 摸索一套適合大學程度的計算機概論教材內容，

(3) 對於環保課題的省思與實踐。

在以下三節，我們詳述這三項使命的背景與目的。隨後，我們介紹本書的編輯特色，並感謝對於促成此書有直接貢獻的人們。

● 出版模式

這本書以紙本形式出版，並輔以電子媒體的補充或配合材料。所謂紙本，就是您現在看到的這本書。大體上，它與一般的出版品並無區別，只是相對於一般電腦書籍而言，它顯然相當地薄。但是，我們是一本很厚的薄書。因為，其實這本書的內容不僅於此，它有更多的文字、圖片、影音，將以電子媒體呈現給讀者。所謂電子媒體，就是這本書的主題：電子計算機，它能夠以電子形式製造、儲存、處理、傳遞和呈現資訊。而這本書 (包括紙本和電子) 的目標就是請讀者徹底瞭解，這些資訊是如何被電子計算機製造、儲存、處理、傳遞和呈現的。在這本書裡，我們也將解釋這本書本身是如何利用電子計算機製造的。

　　為什麼要採取電子媒體？因為這本書要談的就是關於電子媒體，有許多範例本來就不適合在平面紙張上呈現。再者，有許多課題，並非普遍而基礎的知識，只適合被某些特定的讀者當作參考材料；我們不希望拿這些特殊材料來增加所有讀者的負擔。第三，有某些課題經常需要修改或更新，而我們希望已經印好的書籍，能夠保存得越久越好。

　　既然如此，那又何必出版紙本書籍？因為書籍容易閱讀、容易攜帶，甚至還比較容易查詢 (越薄越容易)。此外，我相信由於兩千年來的陪伴，人類對於紙張書籍的情愫，一時難以割捨。

　　至於電子媒體的傳遞，我們相信網路才是正途。所以，這本書的電子部分並不以磁碟或光碟的形式販售，而是公開在網路上。所謂公開，並不代表免費。事實上我並不相信世界上應該有「免費」的東西。除非你不需要或那東西根本不值得。我們若不是付出金錢代價，就要付出其他代價，例如勞力、時間

或知識來換取。所有類似 Free Software 和 Free Information 的標語，都應當以 Free Speech 的 **free** 來解釋，而不是 Free Lunch！

製作這本書的種子資源，由中央大學慷慨提供。但是隨後，這本書必須自己養活它自己。如果有足夠多的讀者來共同貢獻後續的維護、更新、發展工作，特別是電子媒體部分，這本書將是一本會成長的書。

● 教材規劃

我們想要摸索一套適合大學程度的計算機概論教材，但是究竟什麼是『適合大學程度的計概教材』呢？我想大家都還在摸索。這門課不像微積分和普通物理，有百年歷史可循。更何況，這門課的學習標的：電子計算機與其軟體，本身都還在日以繼夜地蛻變；這門課的涵蓋範疇：從數字計算到文字處理到影音呈現到今天成為全民媒體，無時不以新的面貌擴充到新的領域；這門課的學習主體：經過十二年基礎教育的大一學生，每年所帶進來的先備知識都有顯著的差異。雖然如此，我們仍然企圖根據自己的認知編撰一套大學計概教材。

就知識的深度和智能的挑戰而言，我們應當以微積分和普通物理為參考楷模。我們尚未能明確指出，如何從這些傳統學科中尋找適當的計概教材，只能說是一個模糊的目標。

相對於傳統學科而言，計算機是一個在日常生活中容易 (甚至必須) 接觸到的工具。而且，某些專業學科將計算機列為先備知識之一。由於這些原因，計概課程不能忽略其服務性與實用性。但是對學生而言，過分專注於實用與操作訓練，並不公平。畢竟，在計算機學門中，也有一些可以傳遞給大一學生的普遍性和抽象性基礎知識。這些知識，或許可以像語文和數學一樣，成為一個人終身受用的智能工具與文化財產。而我相信，傳遞這種知識，是大學教育不分專業學科的共同目標之一。

1.00

參照教育學者的建議，我們將教材粗分為三個面向：知識、文化、技能。根據前面的闡述，我們選擇具有普遍性而較為抽象的知識，組成這本書的紙本部分。談到文化，基本上就是加入人物和歷史事件的記載。除此之外，我們特別留意在講故事的時候，提醒讀者創意的形成。當我們擁有歷史下游所具備的後見之明，許多當年的關鍵性創意在今天被視為理所當然。趁著計算機的歷史尚不甚遠，我們可以利用某些案例回味這些創造的歷程，進而希望鼓勵讀者發揮他們的創意。

　　至於技能，事實上越來越多在過去被納入大一計概課程的基本操作訓練，如今已經被納入國民教育或後期中等教育的計算機課程。我們歡迎這種趨勢的繼續發展，它使得大學計概課程得以投注更多的注意力在知識和文化內容。由於計算機軟硬體的千變萬化，我們將所有的技能部分放入電子媒體，以期能比較有效率地更新和傳遞。

　　在一個學期的教學時間裡，很難涵蓋這份教材的全部。作者本身的標準教學安排，是在一學年的 3 學分課程裡，於第一學期涵蓋 0-9 講，第二學期涵蓋 A-F 講。教師們可酌情減少或加重 Unix 作業系統之文字操作介面；並將 LATEX 數學排版和 HTML 註解語言這兩項比較特殊的工具，改成較為常用的文書排版工具。事實上，作者認為高中的計算機基礎課程，可採用本書的 0-4 講，而 4-9 講則大約適合大學的一門 2 學分課程。有些教師搭配其專業課程（例如資料庫、數值分析、統計計算、數學軟體等），挑選 A、B、C、D 之中的一或二講，作為其課程主題的前置導引。

● 環保意識

在廿一世紀，人類最重要的公民意識之一，想必將是環保意識。有一個狀況，可能已經受到普遍的重視：文明社會中的紙張浪費。譬如，許多人已經注意到，所謂的辦公室自動化並沒有實現無紙辦公室的宣言，反而因為器材的失誤或人性的散漫而造成許多倍的紙張消耗。我另外注意到一件事：就是隨著個人電腦市場的快速變遷，搭便車而來的電腦操作書籍市場也繁榮起來。這些書動輒三、四百頁，翻開來總是看到許多視窗畫面，每張畫面大約就佔去半頁篇幅，而其排版方式可能為了避免費瑪當年因為書眉不夠寫下絕妙證明的悲劇重演，所以留下大幅空白。

　　原本人類伐木造紙，是為了文化的傳承。在這個近乎神聖的宗旨之下，沒有人過問印刷業的用紙問題。但是，我們都非常明白，如今在書店中堆放著一本又一本厚厚的電腦操作書籍，它們的實際存活時間不過是一年左右。一年以後，它將隨著所書寫的目標商品而一併更新、或一併成為歷史的塵埃。當我站在這些書的面前，想像它們原本是一棵又一棵的綠樹，每每傷心得不能停留。身為資訊相關的工作者和愛好者，我自己也曾經參與這伐木的工業。因此我希望藉著這本書表達我的愧疚，並且省思一個新的做法。

　　電腦操作書籍並非不必要。它能銷售就代表社會有需求。而我們的想法是

讓電腦本身來教人如何操作電腦。這就是我們設計電子教材的目的。在網路上已經有許多這方面工作的先驅，包括國內的網友或企業在內。向他們致敬的最佳方式，就是在我們的電子教材中 (合法地) 引用他們的成果。

我不是說平面出版有什麼錯。沒有書籍的出版業，就沒有我們今天的文化。我想說的是，請把每一本書視為一棵樹的生命延續。那麼，一本書持續為我們服務得越久，那棵樹的壽命也就越長。

這本書從兩方面來回應對環保的省思。一方面因為電子媒體的配合，這本書的本文部分僅有 128 頁。這是消極地節省紙張。另方面企圖只選擇具有長期參考價值的內容，以及詳細的索引資料，以期能夠積極地延長這本書的使用年齡。我不認為它能像微積分或普物課本那樣長壽，畢竟計算機還是個新的領域，即使是基層知識也有快速變遷的可能。但是我們盡力而為。

● 排版方式與導讀

這本書的內容主體部分，共有十六講，每講八頁；因為每講已經很短了，所以雖然有節次但並不另外編號。在這十六講中，我們以十六進制數字 0–F 表示講次，以二進制的圖標來表現頁碼：▯代表 0，▮代表 1。每一講都從 0 號頁開始、7 號頁結束，在書眉左、右上角的頁碼以三個二進位制圖標來表現。但是在書的本文以外，例如您現在讀的「前言」，以及書後的索引等，都以羅馬數字書寫頁碼。

我們保持了出版業的一項排版傳統：奇數頁在右側，偶數頁在左側。因此我們也就必須違背另一項排版傳統：每一章應該由右側開始。由於這本書的每一章是由偶數頁開始，所以必須出現在左側。

在每一頁的外側邊緣，有時會出現一個箭頭符號，和下面的一串數字。例如現在看右邊。這是代表我們另外準備了一張網頁來補充跟這幾行紙本文字相關的內容。承上例，它的網址如下，您可以現在就試試看。

1.01

http://bcc16.ncu.edu.tw/pool/1.01

此外，書本中的每一講都會對應一張網頁，作為這一講的媒體教材。相關的擴編教材和評量工具也會放在裡面。讀者請先以網友身分註冊，再依附錄中的說明，將身分改為讀者、學生或教師。這本書的電子教材首頁是

http://bcc16.ncu.edu.tw

這本書的製作是以大學的計概課程為假想對象。我們假設紙本內容是老師的上課教本，而電子媒體則可以成為老師在課堂上的選擇性輔助教材、實習或操作時段的教材、課後指定教材、或同學自修的讀物。原則上，每一講的紙本內容提供兩小時的授課材料，但是媒體教材就提供了彈性非常大的可能性。技術需求較多的理工學院課程，自然應該涵蓋較多的操作技能，而文史社會專業方面的學生，則可以專注於知識的理解。

雖然我們假設的學習模型是由教師輔導學習這本書的內容，但是我相信，任何具備足夠興趣和動機的人，都可以自修完成。說這句話並不 (只是) 為了提高這本書的銷售率，而是我們相信，這一批細心設計的電子媒體輔助教材，提供了相當豐富的學習資源來支持自修者。

● 製作群

我們的第一代製作群在西元 1999 年 9 月 17 日正式成立，寫作與版面設計的工作也隨即開始。當時的主要成員是陳韋辰、徐家珍和張智韶。他們分別是中央大學數學系 83、84 和 86 級的同學。除了負責美工設計和電子媒體教材的製作之外，他們也是我的諮詢對象。

智韶為線上教材多投入了兩年的時間，從最基礎的主機規劃與網站架設開始做起。線上教材所使用的 Php 程式，有 70% 由他獨力完成，而其餘的 30% 則幾乎全是顧正偉的創作。正偉屬於第二代製作群，這一群年輕人當中的主要幫手還有李易霖、詹博欽、林勁伍、卓昇勳、陳柏成、張鈞威和徐佳萍，他們大部分是數學系 88 級的同學。其中易霖和昇勳是主要的 Java 寫手，而博欽繼家珍之後成為 BCC16 的頭號美工。

當這份教材於 2004 年 8 月進入 Beta 版，第三代製作群也逐漸浮現。技術班底以周恩冉領銜，姜志遠等四位同學組成了影音輔助教材的開發團隊。

● 鳴謝

首先要感謝以上所述的製作群。因為這一批優秀的同伴，使我有機會實現所有實驗性的夢想。而這批同伴全是拜中央大學之所賜，她除了提供了製作這套教材的人才、環境和器具，更提供了起始經費。這筆經費來自於劉校長兆漢院士針對校內同事所發起的【創新教學計畫】，並由李教務長冠卿教授實際施行。這本書有幸成為第一批獲得此計畫補助的作品。除了這些實質的幫助，中央大學

的同仁們對我的容忍、諒解和支持，以及他們源源不絕的創意、洞見與批評，都是促成這本書的重要資源。我要特別提起李宗元、黃華民、林文淇和葉則亮四位教授，他們給了這份教材最直接的靈感和刺激。

對於試教的班級，我一方面要感謝他們的合作或犧牲，另方面也要請他們原諒我當時因為思慮不熟或者準備不周所造成的損失。曾經被施以 Alpha 版實驗教材的班級，包括 1999 年秋季到 2003 年春季之間，在中央大學數學系、英文系與臺灣大學數學系開設的計算機概論課程。感謝蕭家璋教授從 Alpha 版開始就陪我一起試教，他的誠摯友情陪著我一路走來。還要感謝台大數學系當時的陳主任宜良教授對我的信任。

這本書獻給中央大學數學系的一位前輩：華洋教授。在我動筆之前十九年，他到建中對三年級學生宣傳中大數學系的『數學＋電腦』教學理念，還發給大家一本小冊子。這個事件引發我一連串的思考與動機。我原本不確定自己想要做什麼，後來竟然在聯考的志願單上幾乎只填了數學系。雖然當時沒有考進中大，但是十七歲時種下的因卻在冥冥之中導引了後來的道路。

最後，要特別感謝中央大學數學系的陳弘毅教授。這整本書，除了少數的圖片以外，所有的排版與設計 (包括書眉上的頁碼在內)，完全是由陳教授的中文 χTEX 排版系統製作出來的。因為這套 χTEX 系統，使得中文的科技專業寫作成為一件賞心悅目的樂事，而我也將在第 7 講與讀者分享這種喜悅。

單維彰

國立中央大學數學系與師資培育中心

民國百零四年七月於臺灣中壢

http://www.math.ncu.edu.tw/~shann

題　綱

0

電子計算機 (*electronic computer*) 當初只是一個快速而自動執行數字計算的工具；如今演變成一種集「資訊儲存、處理與傳播功能」於一身的媒體。在這本書裡，我們將探討所謂計算 (*compute*) 的意義，並認識計算的不同面貌。

我個人並不認同電腦這個名詞。但社會大眾習用已久，所以在這本書裡有時也用。但是它純粹只是電子計算機的一個同義詞，沒有其他的意義。而除非特別指明，所謂計算機 (*computer*) 也是指電子計算機。

歷史中沒有孤立事件。我們認為，瞭解創造的歷程、認識創造與整體文化的相互影響，有助於體認創造的本質，並完備人文的素養。所以，這雖然是一本技術導向的書，卻盡量在適當的地方，加入歷史的梗概。

計算機的技術以極快的速度推進，它的各種應用也以極快的速度影響到人類活動的每一個層面。我們常聽說，自從電腦發明以來，人類的科技文明進步越來越快。然而，這種加速的模式，並非史無前例，而是有跡可循。在這一講裡面，我們要粗略回顧人類從五千年前到西元 1950 年之間，在數與計算方面的創造歷程。並介紹幾種記數系統，和它們之間的轉換算法。

數、計算與文明

考古學家認為，計算行為早在發明文字之前就開始了。數和語言，同為人類文明的濫觴。目前所知的不同人類語言有六千多種；所有的人類族群，不論從我們的觀點看來是多麼原始，都已經發展出語言。當一個族群的社會活動複雜到某種程度，就難免需要比較精確地記錄數和語言。於是有幾個古老文明創造了文字來記錄語言，其中記錄數的文字，便是數字。

數字出現於最早的文字遺跡中。若說創造文字的動機之一是為了記數，也許並不過份誇張。現在可考的最早文字，是大約五千年前蘇美人遺留下來的。這些古老文件的內容幾乎全是帳本，寫著採買、分配或管理的記錄。

人們常說，文字是創造文明的關鍵。計算未必需要文字。但是，沒有文字，就沒有一套記數的符號系統，於是無法進行複雜的計算。至少就科技文明而言，計算可能比文字更為關鍵。觀察沒有數與計算的族群部落，都無法精確地測量與管理，也無緣創造出探究科學與技術所需的基本數學工具。沒有計算，甚至於沒有文字，都仍然可以有詩歌、宗教、政治等文化行為 (例如美洲的印加與馬雅文明)，但是不容易有科技文明。

1.02

對位記數系統

照理說，數是抽象的觀念，不必倚賴任何符號系統而存在。但如果不確定一套符號，我們就連話都說不清楚，如何傳遞更進一步的想法？所以，除非特別說明，在這本書裡所提及的任何數，都是按照我們從幼年就開始學的那套系統來解讀：以阿拉伯數字為符號的十進位對位記數系統，簡稱十進制。例如 2048 的意思是 2000 + 40 + 8。換個看法，再賦予指數觀念，可以視為 $2 \times 10^3 + 0 \times 10^2 + 4 \times 10^1 + 8 \times 10^0$。所謂對位，就是每一個位置只放一個數字，而每個數字依據它所在的位置，代表不同的數。例如 2048 的 2 在千位，它代表 2000、而 4 在拾位，所以它代表 40。

1.03

　　古代的希臘和羅馬文明，都沒有創造出對位記數系統。中國在兩千五百年前的春秋時代，發明了這種記數法。只是當時不使用印度–阿拉伯數字。

計算法與計算輔助工具

計算方法和記數系統是唇齒相依的。採用了某種符號系統來記錄數，就必須遷就那套系統來創造計算的方法。現代的小學生，以紙、筆、橡皮擦和十進制數字當作輔助計算的工具，而以「直式演算」當作計算的方法。

　　兩千年前的中國人，設計以竹籤的排列方式來代表數字，稱為籌。針對一到九每個數字，各有縱、橫兩種籌，共計十八種。因為當時用空位代表零，所以發明縱橫兩式來避免忽略空位。古人約定以「一縱十橫，百立千僵」的順序來擺籌，也就是縱籌、橫籌交替出現的意思。這樣，如果看到連續兩個縱籌，就知道中間至少有一個空位。又過了一千年，才發明算盤。這時候，每個數的位置以一根桿子代表，當然就不會忽略了空位。籌和算盤都是人類為了輔助計算而發明的工具，配合這種工具而發明的計算方法，分別叫做籌算和珠算；這些計算法經常是以口訣帶領一系列對籌或珠的撥弄動作。有人說算盤是史上最古老的計算機，但是算盤只能記得被計算的數：資料 (*data*)，不能記得計算的步驟：程式 (*program*)，因此不能自動執行計算工作。

1.04

圓周率

古人用籌或沙盤，解決了什麼計算問題呢？這裡舉一個例子。世界上各個古老文明，都發現圓周長與直徑的比例為一常數，稱為圓周率，記做 π。兩千兩百年前，希臘人阿基米德用圓內接或外切正多邊形的周長來估計圓周長。當邊數

夠多的時候，多邊形周長差不多就是圓周長。當邊數趨於無限大的時候，內接正多邊形的周長就收斂到圓周長。他發現以下算法：令 P_n 是直徑為 1 的圓內接正 K_n 邊形的周長，其中 $K_n = 2^n \times 6$，則 $P_0 = 3$ (內接正六邊形的周長) 而

$$P_{n+1} = K_n \times \sqrt{2\left(1 - \sqrt{1 - (P_n/K_n)^2}\right)}, \quad n \geq 0 \tag{1}$$

4.13

阿基米德利用這個公式計算到 P_4，提出圓周率的估計值是 $\dfrac{22}{7}$。

　　五百年後，三國時代的山東人劉徽，在他的九章算術注裡面，也講解了與阿基米德一樣的想法，並稱之為割圓術。他說「割之彌細，所失彌少，割之又割，以至於不可割」！劉徽計算到內接正 3072 邊形的周長。再過兩百年，南北朝時代的河北人祖沖之，更割到一萬多邊 (P_{11})，且以九位數計算，提出一個漂亮的估計值 (密率)：$\dfrac{355}{113}$。若有一個直徑 10 公里的圓，以此估計值計算的周長只比真正周長多了 3 毫米。這種準確度保持了一千年的世界第一。劉徽和祖沖之都用籌算。

自動機械計算機

1.05

從十五世紀開始，歐洲人的海上探險大有斬獲，而在十六世紀進入航海熱潮。航海若要有經濟價值，總不能一直處在「冒險」狀態。以可靠而安全的航海為目的，帶動了許多科技發展，包括天文學。不論是天文的觀測與研究，或是當時日益複雜的科學、航海與經濟活動，都需要大量而精密的計算。例如測量需要三角函數，所有三角函數的值可由正弦函數 (sin) 導出。托勒密已經在西元 150 年時計算了從 $0°$ 到 $90°$ 每 $\frac{1}{4}°$ 的正弦函數值。這是古代計算的最重大成就之一。但是，$\frac{1}{4}°$ 的差異，在 100 公里外將造成幾乎 8 公里的差距，顯然我們還需要更精細的 sin 函數值。這些值該怎麼算？

　　又例如，當時已有指數與對數的概念。考慮像以下 s 那樣複雜的計算，若利用指數 (10^x) 與常用對數 ($\log x$) 函數，就可以簡化成四則運算：

$$s = \sqrt{\dfrac{1.23}{1 + \sqrt[4]{1 + 4.56^2}}} \quad \longleftrightarrow \quad \begin{aligned} &r = 2\log 4.56, \quad u = \frac{1}{4}\log(1 + 10^r) \\ &v = \frac{1}{2}\left(\log 1.23 - \log(1 + 10^u)\right), \quad s = 10^v \end{aligned}$$

問題是 10^x 和 $\log x$ 要怎麼算？

　　從十六世紀開始，西歐對於上述計算的需求壓力極大。當時的算法非常複雜，而且不夠完整。即使那些有公式的計算 (例如 (1) 式)，也只有專業人士才能操作，然後將結果編成表格，印刷成書，供人查詢。但所製的表格往往不夠精細，而且有很多錯誤。

　　有些工作需要複雜的計算程序和技巧，例如製作正弦與對數函數表。但有些計算只是呆板的例行工作，例如在帳簿上做簡單數字的加減。呆板的計算令人厭倦卻容易出錯，況且勞神費時，乃智者所不願為。十七世紀的齒輪連桿等機械零件已經普遍，法國人 Pascal 在十九歲的時候，利用這些機件為他父親設計了一部機器，只要扭轉撥盤輸入數，並且轉動一旁的搖桿，裡面的齒輪就會完成加法，將答案顯示在撥盤上。這是機械型自動計算機的開始！ 　3.12

　　不同於籌和算盤的是，Pascal 加法器能夠將資料和程式都放在機器裡面。使用者不需特別的技巧，只要學會輸入數字、提供動力和讀取輸出。但是，此種計算機的程式是固定在機器裡面的，因此它只能做固定的工作。換句話說，它不是可變程式 (*programmable*) 的計算機。

微積分

加法器不能用來計算正弦和對數函數表。問題的癥結倒不是機器不夠複雜，而是根本沒有一套可以讓機器自動執行的算法。托勒密的算法需要平面幾何和三角函數的知識，非常人能懂。而且他已經將這些知識發揮到極致，若非發現新的方法，很難超越托勒密的成就。 　1.06

　　第十七世紀，連續幾個具有超凡智慧的心靈，降臨西歐。這些人不但開創了自動計算機，也在數學上首度超越了古希臘的成就。其中一支數學，接續了阿基米德的工作，創造出一套超高效率的計算方法，驚人地化簡了許多複雜或大量的計算問題，今天統稱為微積分。利用微積分，我們發現許多圓周率的算法，例如以下算法可比阿基米德的 (1) 式簡單多了：

$$\pi = 4 \times \left(1 - \frac{1}{3} + \frac{1}{5} - \frac{1}{7} + \frac{1}{9} - \cdots\right) \tag{2}$$

而若 $0 \leq \theta \leq 360$ 是個角度，令 $x = \theta\pi/180$，則

$$\sin x = x - \frac{x^3}{3!} + \frac{x^5}{5!} - \frac{x^7}{7!} + \frac{x^9}{9!} - \cdots \tag{3}$$

其中 $n! = 1 \times 2 \times 3 \times \cdots \times n$。至於對數，則對於 $0 \leq x \leq 1$ 可計算

$$\ln(1+x) = x - \frac{x^2}{2} + \frac{x^3}{3} - \frac{x^4}{4} + \cdots \tag{4}$$

而 $\log x$ 就是 $\ln x / \ln 10$。對於其他不在 1 與 2 之間的正數 x，我們也有簡單的方法來計算 $\ln x$。

(2)-(4) 三式理論上都需要計算無窮多個數。但實際上「算之彌多，所失彌少」。只要計算前面幾項，就會獲得若干位準確數字的結果。如果滿意了就不必再算下去，否則就繼續算，算得越多越準確，直到滿意為止。例如以 (3) 式計算 $\sin 90°$，我們知道正確答案是 1。計算前三項得 1.00452485，計算前五項就得 1.00000354。像 (2)-(4) 的計算公式，不再需要複雜的技巧，只要四則運算而已。而且它們的計算步驟有明顯的程序可循，根本不需要數學知識和智慧來判斷。

可變程式的機械計算機

有了微積分，圓周率、正弦函數與對數函數表，還有其他許許多多的科學與工程計算問題，都能找出類似 (2)-(4) 式的算法：以某種明確的程序，重複執行簡單的四則運算。大家很快就瞭解到，像 Pascal 加法器那樣的自動計算機，此時顯得更有意義。只要恰當地設計，機器也可以計算原本需要高度數學知識的問題。於是，許多人開始設計功能更複雜的機械型計算機。微積分發現者之一的萊布尼茲也設計了一部，可以做整數的加減乘除。此後的各種設計，不絕如縷。但是不論多麼複雜，還是只能做幾種固定程序的計算。到了十九世紀，才由 Babbage 開始了下一代的設計。

3.01

Babbage 二十二歲從劍橋獲得數學博士學位，當時是位被認為很具潛力的年輕數學家。大約在 1832 年，他領悟到：一台理想的計算機，必須能夠依指令改變其執行程序。也就是可變程式的概念。這是個前所未有的偉大理想。他立刻埋首設計分析機 (*Analytical Engine*) 以實現他的理想。整個設計在 1838 年完成，就連寫程式的方法都想好了。可惜當時的技術無法配合，Babbage 終其一生未能完成一台計算機。但是他始終受到英國皇家學會的信任和資助，而且留下鉅細靡遺的設計圖 300 多張、筆記 6000 多頁，和許多半成品。

4.01
4.03

Babbage 的分析機，直接成為後來各種計算機的設計藍圖。由於技術的進步，在他身後不久，就有人製造出來這種機器。此外，也有人利用摩擦的輪盤設計出類比型機械計算機，這是用來做積分的好工具。到了二十世紀，利用電

2.02

話交換機元件 (relay) 代替齒輪，設計了電機計算機，例如 Mark I。雖然它需要 6 秒完成一次 23 位數的乘法，它仍然在 1940 年代風光一時，造就了第一批計算機工程師和程式設計師。當時，美國的計算機發展並不特別突出。西歐列強都有自己的發明。例如 1936 年，德國一位青年 Zuse 在自己家裡製造了電機計算機，1941 年完成的第三代機器 Z3 已經有商業價值。 1943 年，Zuse 提出用真空管製造電子計算機的想法，但因戰亂未能實現。

4.02

4.06

可儲存程式的電子計算機

1943 年四月，美國賓大向炮兵指揮部的彈道實驗室提出一項十五萬美元的計畫：以真空管製造電子計算機 ENIAC (Electronic Numerical Integrator and Computer)。只過了七天就獲准。當時，熱衷於電機計算機的人佔大多數，他們認為電子計算機在技術上不可行。例如真空管的品質不穩，何況有一萬八千根管子，供電、散熱、偵錯和維修都很困難。使得 ENIAC 夢想成真的主要功臣是兩位電機工程師 Mauchly 和 Eckert。他們以原創的方法，克服了一個又一個前所未見的技術障礙。

2.01

　　因為齒輪可以有十個齒，而交換機也可以有十個位置，所以早先的機械和電機計算機，都是以機件模擬十進制數字的計算。ENIAC 雖然使用真空管，但還是沿用十進制數字的設計。另方面，ENIAC 的計算程序雖然可變，但並不儲存在計算機裡面。它是靠著電纜線以不同方式連接計算元件，達到改變計算程序的目的。每改變一次程式，就要將所有的電纜線拔掉重插。插好了之後，整個計算機就是一條長長的電路，數字資料由一頭輸入，以電子形態一路流到另一頭。這些資料在計算機裡面一直向前流動，不會停留。

1.27

　　1944 年夏末，von Neumann 和 ENIAC 計畫搭上了線。他是二十世紀最重要的數學家之一，可能也是歷史上心念最快的人之一。他在瞭解 ENIAC 的設計之後，迅速提出兩點建議：改用二進制 (*binary*) 數字和允許儲存程式 (*stored program*)。von Neumann 指出，既然電子元件自然可分兩種狀態：有電、沒電，所以電子計算機應該要模擬二進制數字，才是最簡單的設計。為了讓計算機能夠方便地執行不同的計算程序，von Neumann 認為程式和資料一樣，都要儲存在計算機裡面。這個理想，就衍生了一個新的技術問題：如何讓電流停留？於是產生了今天的記憶體 (*memory*)。

3.02

　　但是 ENIAC 已經來不及修改。世界上的第二部電子計算機是由 Wilkes 在

英國製造的 EDSAC (Electronic Delay Storage Automatic Computer)，它是第一部可儲存程式的電子計算機。von Neumann 本人也在高等研究院 (Institute of Advance Study) 設計、製造了一台符合他自己理想的電子計算機，就稱為 IAS 電腦。

　　ENIAC 並未參加第二次世界大戰，因為它在 1946 年才全功能運轉。它的計算速度可達每秒 333 次 48 位數的乘法。這種速度在當時已屬驚人，然而真正造成震撼的，是「電子」計算機這個理想竟然可行！許多人都認識到這個工具的巨大潛力。很快地，其他類型的計算機研究計畫都停止了，以 von Neumann 的設想為藍圖的電子計算機，成為技術主流，發展出今日所見的計算機面貌。詳情請看後面的十五回講義。

十進制、二進制與其他

對位記數系統並不一定非是十進制不可，古代也有人用過十二進制或六十進制的對位記數系統。一般而言，只要取一個整數 K > 1，就可以定義集滿 K 就進入下一位的對位記數系統，簡稱為 K 進制。在 K 進制系統內，需要 K 個數字來代表 0 到 K − 1 之間的數，例如十進制需要十個數字，我們通常使用的是 0 1 2 3 4 5 6 7 8 9 或零壹貳參肆伍陸柒捌玖。

　　令 $(b_n \cdots b_1 b_0)_K$ 是一個 K 進制數字，其中每個 b_i 代表一個 K 進制的數字，這些數字各代表一個數。在這本書裡，除了十進制以外，我們經常使用二進制、八進制 (*octal*) 和 十六進制 (*hexadecimal*) 對位記數系統。也就是 K 為 2, 8 或 16 的情況。為了區別，我們在這種數字的右下角標注 $_b$、$_o$ 和 $_h$ 符號。為了方便，我們不再發明新的數字符號，而是以 0 1 作為二進制需要的兩個數字、0 1 2 3 4 5 6 7 作為八進制需要的八個數字、0 1 2 3 4 5 6 7 8 9 A B C D E F 作為十六進制需要的十六個數字。阿拉伯數字 0, 1, ..., 9 在所有進制系統中，都和它們在十進制系統中代表了同樣的數。而十六進制的數字 A B C D E F 依序代表十進制的 10 11 12 13 14 15。

　　以下我們只考慮自然數 (正整數或零)。根據對位記數系統的定義：

$$(b_n \cdots b_1 b_0)_K = b_n K^n + \cdots b_1 K + b_0 \tag{5}$$

可以輕易地將 K 進制數字轉換成十進制。例如 $11010_b = 2^4 + 2^3 + 2 = 26$，$127_o = 8^2 + 2 \times 8 + 7 = 87$，$7E_h = 7 \times 16 + 14 = 126$。

利用 (5) 式也可以將一個數 L 寫成 K 進制數字 $L = (\cdots b_1 b_0)_K$。令 L%K 代表 L÷K 的餘數 (如果 L < K 那 L%K = L)，令 n 代表 0。則 $b_n = L\%K$。接著我們讓新的 L 代表原來的 $(L - b_n)/K$，再讓新的 n 代表 1，則又可以寫成 $b_n = L\%K$。然後讓新的 L 代表前一步的 $(L - b_n)/K$，再讓新的 n 代表 2，再做 $b_n = L\%K$。這樣一直到 L = 0 為止。用一些時髦的符號，我們可以把前面囉哩囉唆的「食譜」寫成很炫的形式。雖然炫，卻還不夠專業，但是現在暫時夠了。這就是所謂的演算法 (*algorithm*)。

0   $n \leftarrow 0$

1   如果 L = 0 停止，否則繼續

2   $b_n = L\%K$

3   $L \leftarrow (L - b_n) \div K$

4   $n \leftarrow n + 1$

5   回到步驟 1

例如求 L = 2684 的十六進制數字，則 $b_0 = L\%16 = 12 = C_h$，然後 L 變成 167，則 $b_1 = L\%16 = 7$，然後 L 變成 10，則 $b_2 = L\%16 = 10 = A_h$，然後 L 變成 0，結束。得到 $L = A7C_h$。

由於 $8 = 2^3$ 和 $16 = 2^4$，所以八、十六進制與二進制之間的轉換特別簡單：三位二進制數字可以換成一位八進制數字，四位二進制數字可以換成一位十六進制數字。例如

$$127_o \quad \longleftrightarrow \quad (001_b)(010_b)(111_b) \quad \longleftrightarrow \quad 1010111_b$$

$$7E_h \quad \longleftrightarrow \quad (0111_b)(1110_b) \quad \longleftrightarrow \quad 1111110_b$$

這本書的講次用十六進制數字編排，而每一講的頁碼就是以二進制數字編排。我們用空心格表示 0、實心格表示 1。例如您現在正在讀第 0 講的第 7 頁。因為每一講恰有 8 頁，而且頁碼從 0 開始，所以頁碼在 0-7 之間，需要三位二進制數字。您現在隨便翻開一頁，可以說出它是第幾講的第幾頁嗎？

結語

長遠看來，語言和數字就是最基本的計算工具，而記數系統是最初步的計算方法。文字之初到類似「籌」的原始計算工具，大約隔了三千年。籌與算盤相距一千年，算盤與 Pascal 加法器相距六百年。而後兩百年有 Babbage 的可變程   5.01 式機械計算機，再一百年而有電子計算機並產生儲存程式的想法。而 ENIAC 與網際網路和個人電腦，相距大約三十年。總括而言，電子計算機的發明，並非 1940 年代靈光一閃的成果，而是人類五千年來挑戰計算問題所創造的工具   5.02 之一。今天我們所感受技術進步的加速狀況，其實是從五千年前開始的。

1 鍵盤 (keyboard) 和滑鼠 (mouse) 是現今大多數電腦配備的輸入裝置 (*input device*)。而監視器 (monitor) 則是普遍的輸出裝置 (*output device*)。使用者透過輸入裝置將自己的意圖傳達給計算機，藉以操作電腦。而電腦透過輸出裝置，呈現使用者的操作過程與它自己的執行結果。除了上述的硬體介面之外，電腦還有兩種富於隱喻 (metaphor) 的軟體操作介面 (*user interface*)：文字介面與圖形介面。這些介面期望能夠符合一般人的直覺，藉以提高操作效率。

鍵盤擺設

電子計算機的鍵盤設計乃是由機械式的打字機演化而來。其主要按鍵區仍與打字機的設計相同。此外，通常增加了修正鍵、功能鍵及數字九宮鍵。實際狀況，則視電腦機型之不同而稍有差異。

```
        Qwerty Layout

Q W E R T Y U I O P
A S D F G H J K L ;
Z X C V B N M , . ?
```

主要按鍵區有 26 個英文字母、10 個數字以及標點符號、常用記號。現在的不成文標準鍵盤擺設 (layout) 是 Qwerty 擺設，這個名字源於字母區最上列從左到右連續五個按鍵。這種擺設是 Sholes 在 1870 年代設

2.03

計的。當年的打字機，遇到有人打字太快的時候，鉛字會纏在一起而造成機械故障。因為在工業技術上不能解決這個問題，所以 Sholes 故意設計了一個效率很低的擺設，使得人們經常找不到按鍵，打字速度就很難提高。

```
        Dvorak Layout

, . P Y F G C R L ?
A O E U I D H T N S
; Q J K X B M W V Z
```

到了 1920 年代，因為工業技術的進步，採用 Qwerty 擺設的原因已不復存在。一位在美國西雅圖華盛頓大學的 August Dvorak 教授花了將近十年的光陰，設計出一種對英打而言最有效率的鍵盤擺設，就稱為

Dvorak 擺設。這個產品在 1932 年上市，正值美國著名的經濟大蕭條時期，所以在市場上失敗了。時至今日，Qwerty 擺設仍是主流。

不論是採用 Qwerty 還是 Dvorak 擺設，人們打字所能達到的極速 (每分鐘 400 鍵左右) 相去不遠；就好像不論穿著什麼運動鞋和短褲，人們跑百米所能

達到的極速相去不遠。而且，一般人都不奢望能夠達到極速。但是 Dvorak 擺設的主要優勢是，對一般人而言：易學易記、手指移動較少、較舒適。我們可以透過軟體切換電腦鍵盤的擺設，而不需要另外購買鍵盤。但是鍵盤上印製的符號都是 Qwerty 擺設，所以讀者如果想要學的話，可以將左頁的 Dvorak 擺設影印剪裁，隨身攜帶，以便練習。

功能鍵與修正鍵

正常情況下，按 Ａ 鍵會打出 a。要「同時按下」 Shift 和 Ａ 才會打出 A。像 Shift 這樣，它自己不會打出符號，但是同時按下其他按鍵則會改變輸出的符號，我們通稱之為修正鍵 (*modify key*)。

1.08

Shift 除了切換大小寫英文字母之外，也切換其他的符號鍵。例如同時按 Shift 和 1 打出 !。 除了 Shift 之外，電腦鍵盤通常還有兩種修正鍵： Ctrl (control) 和 Alt (alternative)。這兩種鍵的用法和 Shift 相同，但是它們不對應任何文字符號，所以通常以 Ctrl+A 表示要同時按下 Ctrl 和 Ａ 鍵。

在主要按鍵區內的功能鍵至少有 Tab CapsLock Backspace 和 Enter (有時叫做 Return)。功能鍵的效用，通常隨著正在執行的軟體而有所不同。以下只介紹兩種。

CapsLock 是大寫鎖定鍵。按一次 CapsLock，之後按下的字母鍵都會打出大寫字母，但是數目字和符號按鍵卻不受影響。如果再按一次大寫鎖定鍵，則會取消它的效能。這種按一次就生效 (開)，再按一次就取消 (關) 的按鈕，稱為雙效按鈕 (*toggle*)。它常見於家電器材中，例如大部分的計算機電源都是雙效按鈕。許多軟體也會模擬這種簡潔的設計。

NumLock 是數字鎖定鍵，它也是一個雙效按鈕。當它生效的時候，數字九宮鍵就輸入數字符號；當它取消的時候，數字九宮鍵就代表上下左右或翻頁等功能鍵。

觸打

打字機逐漸普及之後，應運而生了一種稱為觸打 (*touch typing*) 的技能。所謂觸打就是不看鍵盤，讓手指去熟悉按鍵位置，默記鍵盤的擺設，藉以提高打字速度。熟練之後，只要看著手稿或監視器，就能打字。

使用滑鼠，固然可以操作電腦，成為一位資訊消費者。但是，若想成為資

訊生產者，則難免要輸入資料。我們很難想像一個人能夠只使用滑鼠，而完成一篇論文、網頁或程式。這本書的讀者，將來勢必會在某些領域成為資訊生產者，所以我們強烈建議您，從現在就開始練習觸打。

4.07

觸打這項技能，與鍵盤擺設的關係不大。無論採用 Qwerty、Dvorak 還是中文輸入法的擺設，都可以練習觸打。只是心中要能夠默記鍵盤的不同擺設而已。如今有許多教人觸打、並提供練習課程的電腦軟體。它們多少有些幫助。其實，只要謹守以下要領，強迫自己遵照這些規則打字，則假以時日，自然就能觸打。

- 兩隻大姆指放在空間棒 (space bar) 上，其餘八隻手指放在本位列 (*home row*) 上。以 Qwerty 擺設為例，左手食指放在 F 上，右手食指放在 J 上，其他六指按順序自然放在 F 左邊或 J 右邊的按鍵上。
- 默記每隻手指應該負責的按鍵，強迫自己遵照這套規則。在初學的時候，遵照規則可能比隨心所欲的打字更慢。但是在剛開始的時候，速度不是重點，務必要求正確。
- 手指移位按鍵之後，要迅速回到本位，然後再伸出去按下一個按鍵。這就好像打網球一樣：移位接球之後，要趕快回到中心位置，準備接下一球。
- 熟記鍵盤擺設，盡量不要看鍵盤。
- 電腦鍵盤的修正鍵通常左右各有一個，要雙手配合。例如要打 A，應該右手按 Shift 左手按 A；要打 H，應該左手按 Shift 右手按 H。

一般人打字，究竟要多快算是夠快呢？我們沒有答案，但是建議一個基本原則：如果打字不至於阻礙您的思緒而成為一種書寫的障礙，那就是夠快了。反之就該加強。

除了鍵盤以外，還有其他的裝置可以輸入文字。例如以手寫板配合圖形辨識軟體、以麥克風配合語音辨識軟體，或者以寫好或印好的資料，配合掃描機和光學辨識軟體 (**OCR**: Optical Character Recognition)，都可以輸入文字資料。但是，鍵盤依舊會是最有效率的一般性文字輸入工具。

掃描碼

4.09

計算機的鍵盤以一條訊號線與計算機相連，按鍵的效果，乃是傳遞電子訊號給計算機。想像計算機的門外有一個看管鍵盤的小廝，他不停地以很快的速率一一檢查鍵盤上的按鍵是否被按下。這個動作稱為掃描 (scan)。因為他掃描的速

率很快，所以不論您的手指按得多快，總是會被他偵測到。根據偵測到的按鍵，他就決定一個號碼，稱爲掃描碼 (*scan code*)。這小廝沒有資格將任何東西送進計算機的門內，他只能將掃描碼交給門口的傳達室。傳達室中有一個固定容量的鍵盤佇列 (keyboard *buffer*)，就好像公文信箱一樣，依序儲存那小廝送來的掃描碼，等待裡面的內務總管來拿。如果您打字實在太快，或是那總管因故拖了很久沒來拿走掃描碼，佇列就會塞滿，而那小廝就不能再將任何掃描碼交給傳達室。此時，如果您繼續按鍵，就會聽到鍵盤發出某種警告聲音，或是完全沒有反應。

5.03

1.14

那個內務總管的學名叫做作業系統 (**OS**: Operating System)。她是電腦中最基礎、最主要的軟體。網路教材將會涉獵三種族類的 OS：Mac OS、MS-Windows 和 UNIX，前二者分別是 Apple 和 Microsoft 公司的產品，後者則有許多類似但不盡相同的版本，譬如 Solaris, AIX, Linux 和 FreeBSD。

監視器

當作業系統決定要將某些資料輸出給監視器，她會將那些資料寫進影像佇列 (video buffer)。您可以想像，計算機的門外有另一個看管監視器的小廝，他頻繁地到計算機門口的傳達室，拿走影像佇列的資料，將其呈現爲監視器的畫面。如果作業系統沒有更新那些資料，則監視器重複呈現同樣的畫面，在我們看來，那畫面就似乎是靜止不動的。

4.15

電腦的鍵盤和監視器純粹只是一種隱喻，它們在外形上模擬人們熟悉的打字機，骨子裡卻毫不相同。鍵盤與監視器是分離的兩個周邊設備 (*peripheral*)，各自以訊號線連接到計算機。所以，當您按下鍵盤按鍵，監視器並沒有獲得訊號。如果作業系統知道您現在處於輸入文字的狀態，她會將您按的按鍵，解讀成文字符號，然後透過影像佇列交給監視器，您就會在螢幕上看到一個對應於按鍵的符號。這個動作稱爲回應 (*echo*)。其目的無非是使得計算機的鍵盤和監視器，更符合打字機的隱喻。有些情況，作業系統或許來不及從鍵盤佇列中取得掃描碼，也或許來不及將輸出資料寫入影像佇列。這時候，您按的按鍵就不會回應在監視器上。因爲失去了熟悉的打字機隱喻，初學者經常會驚慌得手足無措，到處亂敲亂按，終於導致不可收拾的結局。

2.04

當作業系統取得掃描碼，她可以視當時的情況解讀這個碼。比如說，您按了 Ⓧ，產生掃描碼 45。作業系統可以將 45 號掃描碼解釋成 x 字母、或者 q

字母、或者ㄅ注音、或者任何其他意義。她可以回應 x, q 或ㄅ符號，也可以回應毫不相干的其他符號，或者不回應 (例如當您在輸入通行碼的時候)。現在我們可以瞭解，何以作業系統可以輕易將鍵盤擺設從 Qwerty 改成 Dvorak。

指標器

4.08

指標器 (*pointing device*) 可能是所有電腦周邊設備中，造型設計最多樣化的一種。由於滑鼠是最常見的一種指標器，此後我們都以滑鼠代稱指標器。

滑鼠的主要功用，是將平面位移向量傳達給電腦的又一個佇列 (*buffer*)。比方說，在一段很短的時間內，滑鼠掃描得知自己向右移了 4 格，向下移了 3 格。則它就傳達向量 (4, −3)。作業系統會在監視器所顯示的平面上，訂出 x-y 直角坐標，並且根據滑鼠的位移向量回應指標圖形的位置。在我們看來，就好像螢幕上的指標隨著滑鼠移動似的。至於滑鼠的「一格」對應監視器上多長的距離，則決定了指標圖形的移動速率，這也是可以透過軟體調整的。

指標的圖形不一而足，而且會隨著它所在的位置或 OS 的狀態而改變。平常它應該是個箭頭；當電腦要您等待的時候，經常會變成時鐘或沙漏的圖形；當電腦要您輸入文字的時候，經常會變成一條閃動的底線或是垂直線。

滑鼠上至少有一個按鍵，按下去之後同樣也產生掃描碼傳達給電腦。Mac OS 只需要一個滑鼠按鍵，X Window 假設滑鼠有三個按鍵，MS-Windows 則需要兩個滑鼠按鍵。不論如何，總有一個主要按鍵。有些廠商會在滑鼠上設計額外的按鍵或轉盤，再配合他們提供的特殊軟體，來提高操作效率。

滑鼠通常設計給右手使用，因此滑鼠的主要按鍵都是左鍵，方便讓食指來按。似乎左撇子並沒有操縱右手鼠的困難，不過市面上的確有少數的左手鼠，或者左右對稱鼠。如果用左手操縱對稱鼠，您可以透過軟體調換左、右兩個按鍵的意義，這樣就可以用左手的食指來按滑鼠的主要按鍵。

圖形操作介面

滑鼠是為了配合圖形操作介面 (**GUI**: Graphical User Interface) 應運而生的新發明，而 GUI 是使得電腦成為普及商品的最關鍵發明。在 GUI 內，軟體設計師預先設想用戶所有可能想要做的工作，將它們一項一項列在選單上讓人點選；這種操作方式稱為選單操作 (*menu driven*)。而用戶基本上只需要透過滑鼠的幾個基本動作，就能指揮電腦完成工作。滑鼠的基本動作包括

- 指 (*point*)：把指標移到畫面中的特定部位。
- 點 (*click*)：又稱為按一下或點一下，就是按下滑鼠按鍵再很快地放開。
- 雙點 (*double click*)：又稱為按兩下或點兩下。如果您點得不夠快，就會被視為兩個「點一下」。透過軟體，可以調整認定雙點的時間差。
- 拖 (*drag*)：先指到某處，按著滑鼠按鍵不放，將滑鼠指到另一個地方，到了目的地之後才放開按鍵。如果您在點一下的時候，稍微移動了滑鼠，就可能就被解釋成拖。
- 選 (*select*)：其實不算是滑鼠的基本動作，而是應用。通常用點、拖或配合鍵盤修正鍵，可以選取畫面上的某些部分，以便下一步的處理。被選擇的部分會被凸顯 (highlighted)，可能是圖形的改變，或者是顏色的改變。

圖形操作介面的研究先驅之一，是 Xerox 公司 Palo Alto Research Center (PARC) 的 Alan Kay。他也是個人電腦、甚至筆記型電腦的早期研發者之一。1970 年，Kay 與同事 Bill English 共同發明了滑鼠。在那個年代，就連終端機和文字操作介面都還是新鮮事，絕大部分的人只能使用一次顯示一列的編輯器來寫程式。竟然在那種時代，就有人開始在軍事、學術或企業單位資助的研究機構裡，開始試探圖形操作介面的設計。就是因為有這些勇於 *to dream the impossible dream* 的創新者，才使得我們今天有如此方便的電腦操作環境。

3.07

　　有些 GUI 與 OS 結合一起，例如 Apple 與 Microsoft 公司的作業系統本身便提供了圖形操作介面。但是 UNIX 本身沒有 GUI，而是另外執行一個視窗管理軟體。雖然 UNIX 用戶可以選擇不同的 GUI，但是實際上大家都採用 **X** 視窗。甚至 X 視窗也不是一個 GUI，它只是一套製作 GUI 的規則和工具。譬如所謂的 CDE (Common Desktop Environment) 和 KDE 都是以 X 視窗系統製作出來的 GUI 套件。它們的基礎相同，只是外觀與操作的程序略有不同。X 視窗的特色之一，是可以將一台電腦的圖形畫面，透過網路呈現到另外一台電腦的監視器上。

桌面

圖形操作介面發展至今，其基本的隱喻風格已經趨於一致：就是模擬一張書桌 (*desktop metaphor*)。電腦中的工具，也就是程式，就好像打字機、畫板、鉛筆和圓規這些文具一樣；電腦的資料檔案，就好像卷宗、信紙、畫冊和筆記這些文件一樣。這些類比都反應在 GUI 的設計原則上：

- 正在工作中的文件，打開放在桌面 (desktop) 上。
- 一次可以打開許多文件，但是一次只能書寫一份文件。
- 經常用到的文具或文件，散放在桌面上，或是集中在桌邊工具盒內。
- 所有的文具，都放在抽屜裡面；所有的文件，都放在檔案櫃裡面。

一個人在真實世界的工作習慣，經常會映射到虛擬的電腦世界裡。有些人的桌面總是收拾得整齊清潔，有些人喜歡將所有東西散放在桌面上；有些人總是分門別類地整理抽屜和檔案櫃，有些人則喜歡翻檢百寶箱的感覺。當然，這些都是隱喻。有許多在真實世界中做不到的事，在虛擬世界裡可以做。例如，有些 GUI 讓您的書桌有很多層桌面，有些 GUI 容許您將真正的工具或文件放在抽屜或檔案櫃裡，但是在桌面上放一個它的分身 (稱為連結、投影或捷徑)。

計算機內的所有工具、文件和周邊設備，在 GUI 中經常以一種富於聯想的小型圖案來代表，稱為圖標 (*icon*)。通常點一下可以選取一個圖標，又稱點選，配合鍵盤的修正鍵可以選取許多圖標。所謂拖放 (*drag-and-drop*) 就是將選取的圖標拖到桌面的另一個位置，然後放開滑鼠按鍵。通常點兩下圖標代表開啟 (open)。開啟的實際動作如下：

- 如果圖標代表的是工具，則執行那個程式。
- 如果圖標代表的是文件，則檢查它應該由哪個程式來處理。先執行那個程式，然後在該程式中開啟文件。這種設計叫做文件導向 (*document-oriented*)：根據文件性質而自動執行適當的程式。
- 如果圖標代表的是周邊設備，則表示要檢查它的狀態，或是做些管理。例如開啟代表磁碟機的圖標，就相當於打開了那個磁碟機的檔案櫃。

GUI 畫面中的背景部分，又稱為桌布。所謂的抽屜，其實也就是會展開選單 (menu) 的按鈕 (button)。選單可以一層一層地展開，選單中的選項 (item) 就是工具、文件或下層選單。最上層的選單是主選單 (main menu)，所有的抽屜都要從這裡開始，一層一層地打開。有些 GUI 將主選單放在桌面邊邊上，是為選單列 (menu bar)，有些則把主選單隱藏在桌布裡，點一下滑鼠右鍵就可以展開。至於像迴紋針、訂書機這樣的小工具，可以由一些小圖標集結在收納盒裡面。有些 GUI 將收納盒與主選單合併在選單列上，有些則在桌面上另外呈現收納盒圖標。

在圖形操作介面中，所有程式都在視窗 (*window*) 內執行。視窗的外觀由

GUI 管理，所以會看到外觀一致的窗框 (*frame*) 和抬頭欄 (*title bar*)。抬頭欄內的按鈕，或是窗框本身，可以提供以下視窗管理功能 (未必全有)：

━━━▶
2.05

- 放到最大 (maximize)
- 縮成圖標 (minimize)
- 恢復原狀
- 關閉視窗 (close)
- 調整寬度或高度
- 移動位置
- 成為主視窗
- 放到另一張桌面
- 浮到最上面

放到最大就是讓視窗佔據整個桌面的意思，縮成圖標就是將視窗置換成一個圖標，放在桌面或選單列的特殊位置上。縮成圖標和關閉視窗不同，前者表示不要看到那個程式的畫面，但是它還在桌面下等待，隨時可以繼續執行；後者表示結束那個程式，要再度開啟才能重新執行。

　　桌面上可以打開許多視窗，但同一時間最多只能有一個主視窗 (active window)，它的窗框顏色或圖形會與其他視窗不同。從鍵盤輸入的任何資料或指令，都會傳給主視窗內的程式。

　　GUI 負責管理桌面、圖標和視窗的外部，因此您能夠透過 GUI 改變這些部分的顏色、圖案、寬高等等。譬如您可以變換桌布、變換視窗邊框的顏色、變換圖標下面的文字。但是，視窗的內部屬於在裡面執行的程式，GUI 是管不著的。譬如您若想要改變視窗內部的底色或字型，那就不能經由 GUI 辦到。

　　雖然視窗的內部由裡面的程式自行決定，但是 GUI 的設計者 (例如微軟或蘋果公司) 通常會出版一套標準，建議所有的視窗程式都有一致的外觀和感覺 (*look and feel*)，例如所有程式的第一列總是功能表 (menu bar)，而功能表的第一個選單種是 [檔案] 或 [File]。因此使用者只要學會一套視窗軟體，就可以舉一反三地應用到其他軟體去。

工作傷害

由計算機、鍵盤、滑鼠、監視器組成的工作環境，就像任何工作環境一樣會對人體造成傷害。有一些傷害，是可以透過個人平常的留意而避免或減輕的。例如，長期注視螢幕很容易損傷視力，應選擇面積夠大、畫質穩定的監視器。鍵盤周圍的照明也很重要，特別是當您經常需要查閱參考文件的時候。而滑鼠固然方便，但是長期伸長手臂操縱滑鼠反而比敲打鍵盤更容易疲憊甚至受傷。GUI 通常提供各種熱鍵 (*hot key*)，讓鍵盤代替滑鼠完成某些功能。使用熱鍵不但減少手臂的移動，同時也節省眼睛的注視。最後要建議讀者：培養正確的姿勢習慣，可能是花費最少、效果最大的防護。

2

電腦透過周邊設備，彷彿可以「聽說讀寫」語言和文字資料，甚至能夠處理輕揚頓促聲音和色彩繽紛的影像。其實，電腦中的所有計算、邏輯判斷、文字與影音處理，都是由中央處理器 (**CPU**: *Central Processing Unit*) 執行。但是 CPU 不認得數，不認得文字，也不認得任何的聲光資料；他唯一認得的，就是

4.16　個別電子元件的兩種狀態：高電位、低電位。想像 CPU 只有觸覺吧，他只能分辨一個個凸或凹的顆粒。這樣一個凸或凹的顆粒，稱爲位元，俗稱嗶 (*bit*: *binary digit*)。這是統計學家 John Tukey 創造的字。

位元排列

因爲一個位元只能表現兩種狀態，所以只能代表兩種不同的資料，用處未免太小。如果把兩個位元湊在一起，讓它們前後有別，那麼就能出現四種不同狀態：凸凸、凸凹、凹凸、凹凹。爲了文字上表達的方便，我們從此將凸用 1 表示，將凹用 0 表示。任意多個嗶排成一列，它們各自的狀態就組成一個位元排列 (*bit pattern*)。例如三嗶能夠有以下八種位元排列：

$$000 \quad 001 \quad 010 \quad 011 \quad 100 \quad 101 \quad 110 \quad 111$$

2.09　美國人當初爲了他們自己的方便，將八嗶組成一個字元，俗稱拜 (*byte*)。所以一拜能夠有 $2^8 = 256$ 種不同的位元排列，它可以用來代表 256 種不同的資料。

因爲位元排列之中的數目字只有 0 和 1，我們很容易把它視爲二進制的數字。經過單純的進制轉換，例如 $0_b = 0_o = 0_h = 0$、$1011_b = 13_o = B_h = 11$ 或者 $11111111_b = 377_o = FF_h = 255$，我們發現，可以利用一拜來代表 (同時也就可以記錄) 從 0 到 255 這二百五十六個整數。反之，一個 ≥ 0 且 ≤ 255 的整數，也就可以簡便地代表一拜的位元排列。爲了書寫的方便，從現在起，我們就會經常用十進制或十六進制數字，來描述一個位元排列。

事實上，不只是數，文字 (英文或中文)、圖片、音樂 $\cdots$，任何交給電腦處理的資料，都必須先轉換成位元排列，然後才能被電腦儲存 (記憶)、被 CPU 處理 (計算)、最後被周邊設備呈現 (輸出)。所以說，在電腦裡面萬般皆是數！但是，同樣的位元排列，可以被解釋成不同的意義。在這一講，我們先介紹電腦如何以位元排列來記錄文字資料。而後的課程，將會逐步呈現電腦記錄顏色、圖像、音訊和數值的方法。

字集、字型與內碼

為了支援程式語言，電腦必需能夠辨認文字符號 (包括數目字)。逐漸地，各門各派的計算機製造商，分別定義他的機器所能接受的字符集合，稱為字集 (*character set*)；並且定義字集裡面的每個元素所對應的號碼，稱為內碼 (*character code*)。使用者必需使用字集中的文字符號來寫程式，再將程式以內碼形式輸入電腦。例如 IBM 公司定義了 EBCDIC 字集和內碼，一直在其大型主機 (mainframe) 中使用至今。

3.06

要讓電腦能將文字符號回應在終端機上、或是列印在印表機上，就需要讓電腦知道如何畫出那個文字符號。這種呈現在監視器或紙張上圖像，讓人可以辨識成為文字符號的資料，稱為字型 (*font*)。字型也是以位元排列來代表和記錄，我們以後再談它。目前，可以暫時想像字型是一套透明膠片，首先要確定這套膠片屬於哪個字集。然後對應字集中的每個內碼，有一張膠片。當作業系統需要回應某個字集、某個內碼的符號時，她就從對應的字型當中抽取一張膠片，將它上面的圖案投影在螢幕上。被人看到，就認得是一個字或符號了。

字集通常以書面形式出版，印刷在書裡的字也就成了標準字體。但是字型檔案提供的透明膠片，卻可以採用另外設計的字體，只要整個字型內的字體風格一致，而且讓人能夠分辨即可。例如 ASCII 字集的標準字體是鉛字機 (例如 Test)，但是電腦也提供粗黑羅馬字體 (例如 **Test**)，兩種字體看起來不盡相同，但是一般人都能接受兩者代表同樣的文字。總括而言，

- 字集定義了字符和它們的標準外觀
- 內碼規定了字符和位元排列的對應關係
- 字體是一套字符的外觀設計
- 字型是根據一套字體製作成的檔案，讓電腦可以呈現字符

ASCII・交換碼

早年由電腦製造商自行定義字集、字碼的作法，造成群雄割據的局面，致使不同門派的計算機很難交換資料。即使兩台電腦選擇的字集相同，內碼卻可能不同；甚至連字集都不同，那就更麻煩。例如 IBM 主機上的 EBCDIC 字集裡面沒有左中括號 [和右中括號]，卻有 ¢ (美金 cent 符號)。

5.07

為了提高程式設計師的工作效率，美國國家標準局 (**ANSI**: American National Standards Institute) 在 1960 年代開始了一連串的標準化措施，最後

		0	1	2	3	4	5	6	7
00_h	000_o	NUL	SOH	STX	ETX	EOT	ENQ	ACK	BEL
	010_o	BS	HT	LF	VT	FF	CR	SO	SI
10_h	020_o	DLE	DC1	DC2	DC3	DC4	NAK	SYN	ETB
	030_o	CAN	EM	SUB	ESC	FS	GS	RS	US
20_h	040_o	SP	!	"	#	$	%	&	'
	050_o	(	)	*	+	,	-	.	/
30_h	060_o	0	1	2	3	4	5	6	7
	070_o	8	9	:	;	<	=	>	?
40_h	100_o	@	A	B	C	D	E	F	G
	110_o	H	I	J	K	L	M	N	O
50_h	120_o	P	Q	R	S	T	U	V	W
	130_o	X	Y	Z	[	\	]	^	_
60_h	140_o	`	a	b	c	d	e	f	g
	150_o	h	i	j	k	l	m	n	o
70_h	160_o	p	q	r	s	t	u	v	w
	170_o	x	y	z	{			}	~	DEL
		8	9	A	B	C	D	E	F

在 1968 年公布了一套美國標準資訊交換碼 (**ASCII**: American Standard Code for Information Interchange)。交換碼的原意在於資料交換：一個門派的計算機先將資料從內碼轉換成交換碼，再傳遞給另一個門派的計算機，後者將交換碼轉換成自己的內碼。這個過程牽涉到三種字集與編碼。後來，美國的電腦製造廠為了方便，便直接以 ASCII 當作其內碼，就可以省了「交換」這個步驟，而 ASCII 就逐漸成為大多數電腦的共同標準內碼了。

　　ASCII 字集有 128 個元素，編號從 0 到 127。其中 94 個對應文字或符號，稱為字符 (*printable character*)，編號從 33 到 126。注意空格是 $20_h = 32$ 號，它不被視為字符。請參照表格查閱字符的號碼。這張表格列出了每個 ASCII 元素的八進制和十六進制號碼。舉兩個例子，A 的號碼是 $41_h = 101_o = 65$，N 的號碼是 $4E_h = 116_o = 78$。事實上，

數目字 0–9、大寫字母 A–Z、小寫字母 a–z

都是連號的。此後,我們以 'x' 代表 x 的 ASCII 號碼。在許多實用的情形,我們毋需背誦它們眞正的號碼,只要有相對的概念即可。例如 (M 是第 13 個英文字母、'A' 與 'a' 相差 32)

$$'4' - '0' = 4, \quad 'M' - 'A' + 1 = 13, \quad 'S' + 32 = 's'$$

至此,我們應當瞭解,若我們從鍵盤輸入 1 6,作業系統得到那兩個按鍵的掃描碼,一般情況下,將它們轉換成 ASCII,所以就換成 49、54 兩個位元排列。接著,如果她決定要回應那兩個字符,就打開某一套對應 ASCII 字集的字型,從裡面抽出 49 號與 54 號透明膠片,將它們交給監視器去呈現。

其他 34 個非字符的 ASCII 元素是控制碼,用來控制電傳機、數據機、終端機或印表機。目前我們只挑幾個介紹:

5.04

- BS 由鍵盤上的 Backspace 產生,經常可用 Ctrl+H 代替。
- HT 跳格 (tab),由鍵盤上的 Tab 產生,經常可用 Ctrl+I 代替。
- LF line feed,見以下說明,經常可用 Ctrl+J 代替。
- CR carriage return,見以下說明,經常可用 Ctrl+M 代替。
- ESC 跳脫 (escape),由鍵盤上的 Esc 產生,經常可用 Ctrl+[代替。
- SP 空格 (space),由鍵盤上的空間棒產生。
- DEL 由鍵盤上的 Delete 產生。

通常,按 Enter 或 Return 鍵會折到下一列的第一格,這就是由控制碼指揮的。但是並非所有作業系統都採用同樣的控制碼。例如 Mac OS、MS 的各種 OS 和 UNIX 分別是以 CR、CR LF 和 LF 代表折到下一列的第一格。所以,在不同 OS 內按下 Enter 或 Return 鍵,會產生不同的控制碼。

我們稱一個位元排列的最左邊那一位爲最高位 (MSB: Most Significant Bit)。ASCII 只用到 0–127 號,所以用七嗶來表達就夠了。因此,用一個字元記錄 ASCII 號碼時,MSB 應該是 0。早期,由於通訊線路不可靠,於是利用 MSB 當做檢查碼。檢查的方法是平衡檢測 (parity check)。具體的做法有許多種,如今已經不甚重要,所以不在此詳述。

1.22

當一拜的 MSB 是 0,我們稱之爲低拜 (0–127 或 00_h–$7F_h$),否則稱爲高拜 (128–255 或 80_h–FF_h)。由於美國的電腦產業與計算機科學的強勢,如今幾乎所有的字集都與 ASCII 相容;意思是說,字集內都包含 ASCII 字集,而且

5.05 號碼相同。例如 IBM PC 的內碼，在低拜部分等於 ASCII，而高拜部分利用 128–254 這些號碼來對應一些西歐字母、希臘字母、數學符號和表格符號。

萬碼奔騰・Big-5

1980 年代中期，位於日內瓦的國際標準組織 (**ISO**: International Organization for Standardization) 開始為歐洲 (和一些中東民族) 的文字設計字集與交換碼。這套標準是 ISO-8859：它們用一拜來編碼，其中低拜部分等於 ASCII，而高拜部分只使用 $160 = A0_h$ 到 $255 = FF_h$ 的 96 個號碼。其中 160 號看來像是空格，其實是「硬空格」，意思是不准在這個空格處折成兩列文字；其他 95 個是字符。95 個碼位，不敷歐洲所有字符使用，所以 ISO-8859 其實一共定義了十

5.06 幾套標準，從 ISO-8859-1 到 ISO-8859-15。每個標準使用完全一樣的碼位，但是對應不同的字集 (ASCII 部分皆同)。其中的 ISO-8859-1 又稱為 Latin-1，此字集包含了大多數西歐字符。

中國字，如果包含異體、或體、古體，有六萬字以上。用一拜來編碼，是萬萬不能。因此，臺灣的民間團體或學術單位，分別創造了許多種不同的字集與編碼方式。臺灣的官方中文標準交換碼 (CNS-11643) 在 1986 年公布，1992 年修訂。但是這套標準至今沒有發揮什麼作用，絕大多數的中文電腦軟體仍然

1.09 採用 1985 年左右、由資策會發布的大五碼 (Big-5)。大五碼的字集採證工作不夠嚴謹，編碼排序也有錯誤之處，但是因為它的普及，所以長期以來實際成為臺灣地區繁體中文字集的標準。

Big-5 字集包含了 13,461 個字符，其中包括 408 個符號 (有 3 個重複)、5,401 個常用字、7,652 個次常用字 (有 2 個重複)。某些重要的字沒被採用，例如臺灣電腦業巨擘 Acer 公司的碁字，就不在 Big-5 字集裡面。如今流通於市面的 Big-5 字集，都有倚天公司添入的七個常用異體字，包括碁和裏。

Big-5 不包含 ASCII，它本身用兩拜來編碼。首碼一定是高拜，次碼可能高也可能低。因此，Big-5 可以和 ASCII 混雜使用 (中英夾雜)，卻不能和 ISO-8859 混雜使用。這是因為：如果支援 Big-5 碼的電腦軟體遇到一個高拜，就把下一個字元也拿進來，然後一併以 Big-5 碼解讀；如果遇到一個低拜，就不拿下一個字元，而將它自己以 ASCII 解讀。不論首碼或次碼，Big-5 使用的高拜範圍是 161–254 或 $A1_h$–FE_h，而它使用的低拜範圍是 64–126 或 40_h–$7E_h$。可見 Big-5 的次碼與 ASCII 有所重疊，而首碼則與 ISO-8859 有所重疊。

如果電腦軟體的設計不當，或者它根本不是針對中文所設計的軟體，就會發生一些奇異的現象。譬如說「家」字的 Big-5 碼是 AE_h61_h，「庭」字是 AE_h78_h。如果使用編輯程式，將文件中的所有 a 都置換成 x，由於 'a'=61_h 而 'x'=78_h，這個程式可能不明就理地把「家」換成了「庭」。又譬如，原來有「家庭」這兩個字寫在一起，若不慎刪除了「家」的次碼，則電腦裡面的記錄就成了 $\mathrm{AE}_h\mathrm{AE}_h78_h$ 三拜。前兩拜當做 Big-5 解讀是「悅」，但第三拜是低拜，當做 ASCII 解讀是 x，於是就看到「悅x」。

由於針對各種文字所定義的字集不同，使用的號碼又有重複，所以要在一份電子文件中，同時記錄兩種以上的文字 (ASCII 除外)，是很麻煩的事。例如繁體中文的 Big-5 碼與簡體中文的國標碼(**GB**: Guó Biao) 號碼重疊，Big-5 和 Latin-1 的編號也有重疊，電腦軟體只能擇一解讀。例如德文 *häßlich* 的 Latin-1 碼是 $68_h\mathrm{E4}_h\mathrm{DF}_h\mathrm{6C}_h69_h63_h68_h$，如果被當做 Big-5 解讀，就會出現 *h*鎁*lich*。這可就眞的醜了。

要徹底解決這種問題，讓世界文字能夠大同一家，最好是將所有現行文字放在同一個字集裡面，讓它們各自擁有唯一的號碼。這就是 ISO-10646 (又稱 Unicode) 企圖要做的事。ISO-10646 於 1991 年首度公布，2000 年的第三版中收錄了 49,194 個字符，其中包括 27,786 個中日韓 (包括海峽兩岸) 共同使 1.10
用的方塊字集 (**CJK**: Chinese, Japanese and Korean unified character set)。原則上，Unicode 一律使用兩拜來編碼，而且它包含了 ASCII：當首碼是 0、次碼是低拜時，就是 ASCII。

中文輸入・漢語拼音

中文的電腦字集、編碼和字型，只解決了一半的問題：它使得電腦可以儲存、呈現、交換中文資料。另外一半的問題是：如何輸入中文？總不能背誦或查閱電腦字集中一萬多字的號碼，然後將號碼輸入電腦吧？(其實也不是不行，這叫做「內碼輸入法」。) 輸入中文的周邊設備，通常是鍵盤。在鍵盤以外，基本上還有以下幾種。

- 以麥克風配合語音辨識軟體的語音輸入法
- 以觸控板或指標器配合筆畫辨識軟體的手寫輸入法
- 以掃描機配合 OCR 軟體的文字辨識輸入法

文字辨識輸入法通常只對印刷品有效。語音與手寫輸入法的學習障礙很低，有

其一定的方便性。但是對於大量文字輸入而言，它們的效率偏低。利用電腦鍵盤的中文輸入法，可以分爲以下兩種。

- 字形輸入法：將中國字拆卸成若干偏旁或筆畫組合 (稱爲字根)，再用字根序列組合成字。民國初年，林語堂先生率先嘗試發明拆字與組字的機械型中文打字機，並幾乎爲此破產。此後有王雲五先生的四角號碼檢字法。這些都是電腦時代之前的拆字輸入法。

1.11
- 字音輸入法：用讀音來輸入文字。民國初年，依據北平讀音，訂定了一套中文標準音標，並產生了幾種不同的音標符號。後來，臺灣採用了注音符號 (ㄅㄆㄇㄈ)，大陸採用了漢語拼音 (*pinyin*)。

字形輸入法的代表作是朱邦復先生發明的倉頡輸入法。他將這項發明捐給了社會，不收版權費。倉頡法僅僅定義了 25 個字根，所以 26 個英文字母按鍵足敷使用。在臺灣出售的電腦鍵盤，通常在按鍵上印有倉頡字根。建立在這個基礎上，陸續有人從事各種考量的簡化工作，包括簡易和大易輸入法。

字音輸入法表面上都是一樣的：輸入讀音就對了。在臺灣出售的電腦鍵盤，通常也在按鍵上印有 37 個注音符號。除了較爲年長者之外，國人大多受過標準國語教育，所以只要會敲鍵盤就能使用字音輸入法。但是，Big-5 字集中有 1302 種不同發音 (包括輕聲)，其中只有 184 種讀音沒有重複，例如「徐」沒有同音字。而重複最多的「意」有高達 132 個同音字。所以字音輸入法在效率上的主要障礙，是同音字的揀選問題。幸而中文的同音字雖多，同音詞卻不太多：例如「程式」與「城市」是同音詞、「修課」與「休克」也是。市場上有許多種附帶詞庫的字音輸入軟體，讓作者只要輸入連續的音，由軟體自動揀字。對於書寫白話文而言，有輔助詞庫的字音輸入法大幅提升了效率。但是，揀字不良也造成了許多令人困擾的同音別字，書寫者不得不愼。

1.12
注音符號並非唯一的中文音標符號，漢語拼音不失爲另一個合理的選擇。漢語拼音只用到 26 個英文字母，因此鍵盤上英文字母之外的標點符號和數目字按鍵，都可以用來輸入它們對應的中文符號。例如只要按 ⌞.⌟ 就能輸入句點。其次，對於經常需要雙語寫作的人而言，只需熟練一種鍵盤擺設，就能觸打。

注音符號和漢語拼音的對應頗爲單純，因爲它們不過是記錄同樣讀音的不同符號而已。其中聲母 (ㄅㄆㄇㄈ…ㄗㄘㄙ) 的對應絕無例外，單韻母 (ㄚㄛㄜㄝ…ㄤㄥㄦ) 在沒和ㄧㄨㄩ結合的時候，也有一致的對應。表列如右。

ㄅ	ㄆ	ㄇ	ㄈ	ㄉ	ㄊ	ㄋ	ㄌ	ㄍ	ㄎ	ㄏ	ㄐ
b	p	m	f	d	t	n	l	g	k	h	j
ㄑ	ㄒ	ㄓ	ㄔ	ㄕ	ㄖ	ㄗ	ㄘ	ㄙ			ㄚ
q	x	zh	ch	sh	r	z	c	s			a
ㄛ	ㄜ	ㄝ	ㄞ	ㄟ	ㄠ	ㄡ	ㄢ	ㄣ	ㄤ	ㄥ	ㄦ
o	e	e	ai	ei	ao	ou	an	en	ang	eng	er

可見聲母都對應子音字母。注音符號中，有某些聲母可以獨立發音(ㄓㄔㄕㄖㄗㄘㄙ)，它們對應的漢語拼音就是在子音字母後面加 i，例如「十隻石獅子」的漢語拼音就是 shi2 zhi shi2 shi zi。

雖然ㄜ和ㄝ同樣以 e 拼音，但在標準國語發音中，卻不慮混淆。因為它們倆從來不在同樣的音標組合中交換。例如有ㄌㄜ這個音，就沒有ㄌㄝ；有ㄊㄧㄝ這個音，就沒有ㄊㄧㄜ。只是，閱讀拼音符號的人，必須自己憑經驗判斷那 e 代表的是ㄜ還是ㄝ。

一ㄨㄩ這三個結合韻母，有兩種拼音原則：如果一ㄨㄩ的前面沒有聲母，它們就當聲母用，對應的拼音字母是 y w yu。以下是對照表：

一	一ㄚ	一ㄛ	一ㄝ	一ㄠ	一ㄡ	一ㄢ	一ㄣ	一ㄤ	一ㄥ
yi	ya	yo	ye	yao	you	yan	yin	yang	ying
ㄨ	ㄨㄚ	ㄨㄛ	ㄨㄞ	ㄨㄟ	ㄨㄢ	ㄨㄣ	ㄨㄤ	ㄨㄥ	
wu	wa	wo	wai	wei	wan	wen	wang	weng	
ㄩ	ㄩㄝ	ㄩㄢ	ㄩㄣ	ㄩㄥ					
yu	yue	yuan	yun	yong					

如果一ㄨㄩ的前面有聲母，它們就當韻母用，對應的字母是 i u u，如下表：

●一	●一ㄚ	●一ㄝ	●一ㄠ	●一ㄡ	●一ㄢ	●一ㄣ	●一ㄤ	●一ㄥ
□i	□ia	□ie	□iao	□iu	□ian	□in	□iang	□ing
●ㄨ	●ㄨㄚ	●ㄨㄛ	●ㄨㄞ	●ㄨㄟ	●ㄨㄢ	●ㄨㄣ	●ㄨㄤ	●ㄨㄥ
□u	□ua	□uo	□uai	□ui	□uan	□un	□uang	□ong
●ㄩ	●ㄩㄝ	●ㄩㄢ	●ㄩㄣ	●ㄩㄥ				
□u	□ue	□uan	□un	□iong				

若ㄨ和ㄩ同樣以 u 拼音，則只有兩種可能產生混淆的情況：努與女、魯與呂。此時，許多軟體以 v 來代表ㄩ。利用歐洲字母的修飾符號，我們可以記錄陰陽上去四個聲調，並將音標排版在字符下方。
lù yin yáng shăng qù sì ge sheng diào　bìng jiang yin biao pái băn zài zì fú xià fang

3
通訊網路 (communication network) 就是資訊流通的管道，通訊協定 (*protocol*) 就是資訊傳遞的約定。西元前 220 年，秦王嬴政在兼併六國之後，建馳道、定小篆，使得中原地區車同軌、書同文，便相當於制定了一套通訊網路與通訊協定。當時在網路上奔馳的是馬匹，馬匹攜帶的是刻著小篆的竹簡，而竹簡的流向管制和收發兩端，都是懂得通訊協定的人員。其後兩千年的文明中，遠距通訊的形態在本質上並無改變。直到最近一百多年，才逐漸發展出電子形式的通訊，例如電報、電話和電腦網路。這一講要介紹現在最主要的電腦通訊網路 (網際網路) 的通訊協定以及基本應用。

網際網路

在 1970 年代，美國的電腦系統之間，已經有區域性的網路佈線，使得某些電腦可以和同一個區域網路內的其他電腦交換資料。但是整體而言，並沒有一個全國性的通訊網路，使得各地的電腦相互銜接；也沒有一個普遍的通訊協定，讓各自發展的區域網路可以互通有無。

隸屬於美國國防部的高等研究計畫署 (ARPA) 從 1966 年開始資助電腦網路的研究計畫。ARPA 是美國受到蘇聯太空船升空的刺激之後，新成立的兩個研究機構之一 (另一個是 NASA)。其主要業務是出錢資助民間研究團體，執行可能與國防有關的基礎研究計畫。1962 年，ARPA 總長聘請 Joseph Licklider 擬定關於計算機研究計畫的方針。Licklider 原來是 MIT 的一位心理學教授，他在 ARPA 成立了資訊技術局 (IPTO) 並且當上第一任主管。Licklider 原本就是一位有多重學術背景的學者，他既是夢想家、又是實踐者，此時又成為大錢在握的決策領導者。我們不難想像他對於今日電腦面貌的重大影響。舉凡個人電腦、圖形操作介面、網際網路，都曾經是他資助過的研究計畫。

3.10

由 ARPA 資助建立的電腦網路稱為 ARPAnet，於 1969 年完成第一套實驗網路，以電訊專線連接美西的四所大學：UCLA、UCSB、Stanford 和 Utah。連接在網路上的計算機，稱為一台主機 (*host*)，或稱為一個節點 (*node*)。到了 1973 年，ARPAnet 擴充到 40 多個節點，而第一批的網路應用程式：telnet, ftp 和 e-mail，也都在這段時期成形。

ARPAnet 的關鍵技術，包括了封包交換 (*packet switch*)、網際網路通訊協定 (*internet protocol*) 和可共用的網路介質 (*sharable media*)。共用介質

使得在網路之內，不必爲所有電腦兩兩之間拉一條實體的線路，而是可以讓許多部電腦共用同一條網路線。現在最常見的共用介質是乙太網路 (*ethernet*)。　2.08

雖然共用了實體的線路，在連線的時候還是可以建立虛擬專線，例如傳統電話網路之線路交換便是如此：雖然兩具電話之間有許多共用的電信線路，但是在　1.07
電話撥通之後，直到掛斷之前，這兩具電話就虛擬地佔用一條通話專線，別的電話不能分享這條線路。封包交換消弭了虛擬專線的必要性。它將網路內所有要傳輸的資料，都切割成一定規格的小片段，全部丟在共用介質裡面流傳，再　1.15
利用通訊協定來確保它們流向正確的目的地。封包技術從電腦網路又反過來改進了電話網路，使得三方通話和共用頻道的行動電話成爲可能。

TCP/IP 協定

首先，我們想想爲什麼需要一個協定？想像電腦從網路上收到以下 32 嗶的訊息

11010000100010001001101000011111

我打賭您一定不明白這 32 嗶是什麼意思*。接收到訊息的電腦，必須先假定這些訊息的句讀與解讀規則，然後才能按照這套規則來處理它。這就是通訊協定的意思。兩台電腦如果使用了不同的協定，即使以網路互連，也不過是雞同鴨講，不能夠交換訊息。

Kahn 和 Cerf 爲 ARPAnet 設計了兩種協定，傳送控制協定 (**TCP**: *Transmission Control Protocol*) 和網際網路協定 (**IP**: *Internet Protocol*)，合稱爲 TCP/IP。就發出訊息的主機而言，TCP 是製造封包的協定；它規定如　1.16
何將整筆資料切割成段、如何爲每個片段製作輔助資料：包括幫助偵錯的檢查碼，和這個片段在整筆資料中的序號、以及如何將這些資料組成封包。IP 規定如何爲封包加上收發兩端的地址、如何將想要送到同一個地址的封包合併到同一個信封袋內。如果我們將 TCP 想像成製作信件內容的協定，那麼 IP 就是製作信封的協定。

就收到訊息的主機而言，則先按照 IP 的規定打開信封、分離封包，然後按照 TCP 的規定解開封包、取出片段、利用檢查碼偵測是否可能有誤、並將

---

* 因爲連我都不知道它們是什麼意思。這 32 嗶是我在 11/08/2000 擲 32 次銅板得到的結果。那是西元 2000 年 11 月 8 日還是 8 月 11 日呢？我故意不說。由此再度可見「協定」之重要性。

先後收到的封包內容按照指定的順序銜接起來。

就好像 ASCII 原本是爲了讓不同廠牌的電腦之間交換文字資料，TCP/IP 原本也是爲了讓不同的區域網路之間交換資料。就好像 ASCII 後來實際上成爲所有電子計算機的共同內碼，TCP/IP 也逐漸成爲所有電腦網路的共同協定。例如在 1980 年代由美國國科會出資佈線的 NSFNet 選定 TCP/IP 作爲通訊協定，它後來成爲美國各大學與學術研究機構的網路主幹 (*backbone*)。再如 1991 年由教育部出資佈線的臺灣學術網路 (TAnet)，也選定 TCP/IP 作爲通訊協定，如今成爲台澎金馬各級學校與研究機構的網路主幹。

2.07
ARPAnet 在 1990 年正式除役，管轄權轉移到民間團體。相當於國防部將這個研究成果贈予民間。因爲 ARPAnet 原本想要成爲『網路之間的網路』，所以後來被稱爲網際網路 (*internet*)。如今我們可以說，所謂網際網路就是以 TCP/IP 爲通訊協定的網路，而 **1969** 就是網際網路誕生的年份。

1.34
每一個學校、公司、機構的內部，可能原本就有自己的區域網路，規定自己的通訊協定。但是她們只要透過一種通稱爲路由器 (*router*) 的設備，將其內部通訊協定轉換爲 TCP/IP，就可以與網際網路銜接，把網際網路鋪設的線路作爲主幹，而將訊息傳遞給另一個區域網路。

協定本身並沒有對或錯的問題，它只是個大家約定的溝通規則。但是接受了一個協定，也就等於接受了一個限定。例如現在通用的第四版 TCP/IP (IPv4)，限定 IP 地址必須由 32 嗶組成，不能多也不能少。第六版 TCP/IP (IPv6) 企圖增訂許多規則，它可能是個更有效率或更可靠的網路通訊協定。只是，Qwerty 和 Dvorak 鍵盤擺設的故事告訴我們，一旦市場形成，理性的判斷未必能改變衆人的行爲習慣。

IP 地址

當主機與網際網路連線的時候，必須有一個 IP 地址 (*IP address*)。理論上，在整個網際網路內，IP 地址必須是獨一無二的。以目前的慣用的 IPv4 而言，地址由 32 嗶組成 (四個字元)。爲了人們讀寫或記憶的方便，將 IP 地址每 8 嗶 (一個字元) 換算成一個十進制數字，因此共有四個數，兩兩之間以一個英文句點隔開。例如

10001100011100110001100100000110

記作 140.115.25.6，這便是一個 IP 地址。

當電腦不連線的時候，又稱爲離線 (*off line*)，可以釋放其 IP 地址給別的

主機使用。從連線的開始到結束,稱爲一次連線期間 (*session*)。主機在其連線期間必須有 IP 地址,而且不可以更換;但是每次連線,可以繼續使用同一個的地址,也可以臨時申請一個新的地址。

IP 地址可以寫定在電腦的網路設定檔案內,也可以透過動態主機協定 (**DHCP**: *dynamical host configuratioon protocol*) 從網路上的某台伺服機取得。凡是在網路上提供某種服務的主機,通稱爲伺服機 (*server*),而接受服務的主機,通稱爲客戶 (*client*);這是所謂的主從架構。主從架構的關係並不固定,而是隨著服務的項目改變。有可能針對甲類項目而言,A 是伺服機而 B 是客戶;但是換成乙類項目的時候,A 變成客戶而 B 是伺服機。這就好像社會上的百業分工:此一時間,剃頭師傅是麵包店的客戶;彼一時間,烘培師傅又成了理髮店的客戶。

有些電腦具備網路卡 (*network adapter*),可以銜接網路介質而直接連上網際網路。這種連線方式稱爲固連。有些電腦則經由電話線、有線電視或其他數位服務線路,透過網路供應商 (**ISP**: *Internet Service Provider*) 而間接連上網際網路。這種連線方式稱爲撥接 (*dial-up*)。

ISP 爲了讓用戶更方便地設定網路資料,也爲了能夠適當地重複使用 IP 地址,所以通常不允許撥接主機擁有固定的地址,而是在它每次連線的時候利用 DHCP 臨時指定其 IP 地址。因此,撥接主機在不同的連線期間,通常具有不同的地址。但是伺服機總是希望能有固定的地址,就好像開店營業的商家不會經常遷移一樣。

網域與主機名稱

一個 IP 地址就算寫成十進制數字,也可能多達 12 位數,大部分人可能不容易記住很多地址。NSFNet 建立之後,網際網路的主機數量快速增加,南加大的 Mockapetris 受 NSF 資助研究一套解決方案,結果就是網域名稱系統 (**DNS**: *Domain Name System*)。

2.10

DNS 以網域 (*zone*) 觀念規定主機的命名規則,每個網域有一個網域名 (*domainname*)。某些網域對應一個實體的地域,例如 tw 代表臺灣網域。某些網域則代表一種邏輯上的分類,例如 edu 代表教育機構。網域之內可以再分次網域,同樣可以按照地域或功能作分類。例如臺灣學術網路是由臺灣各級學校組成,次網域名稱爲 edu。

5.09

　　我們將網域名稱寫成一列，相對較大的網域寫在右邊，兩網域之間用一個英文句點隔開。最右邊的網域，稱為頂層網域 (**TLD**: *top-level domain*)，它的右邊還應該寫一個句點，表示根網域 (*root domain*)。例如臺灣學術網路的網域名就是 edu.tw.。但是大部分的網路應用軟體，容許我們省略代表根網域的那個句點，因此臺灣學術網路的名字也可以寫成 edu.tw。在臺灣學術網路上，基本上每所學校又被劃分成一個獨立的網域。例如國立中央大學的網域名是 ncu.edu.tw。規模較大的學校還可以再分次網域，例如中央大學數學系的網域名是 math.ncu.edu.tw。規模較小的學校，例如國民中小學，就不再有次級的網域。

　　網域名稱就這樣從最右邊的頂層網域，一層一層地區分下來。每一層的名稱有其意義，例如 edu 是 education 的意思，而 ncu 是 National Central University 的縮寫，所以就比較容易記憶。中文或世界各主要文字的網域名可能將會普及，但是網路中多數的網域名仍以英文 (ASCII) 表達。

　　從根網域開始，整個 DNS 形成一個數學上的樹狀圖 (*tree*)，每個網域和

4.12

主機是這棵樹上的一個節點。我們習慣將樹根畫在最上層，而相對較大的網域節點放在上層、較小的放在下層；網域與其次網域之間用一根線段相連。樹狀圖是電腦中極為常見的結構。它可以很方便地將資料分類，又可以很容易的描述節點在這棵樹上的絕對位置和相對位置。以後我們會一再應用樹狀圖。

　　每一台主機都應該屬於某個網域，也有一個主機名 (*hostname*)。主機名在同一個網域內不得重複。例如作者個人使用的主機稱為李白，它的主機名是 libai。主機名配上它所屬的網域名，就成了它的全名。因為李白在中央大學數學系之網域內，所以它在網路上的全名就是 libai.math.ncu.edu.tw。

　　在不同網域內，可以有同樣的主機或是次網域名，它們的全名並不會混淆。譬如臺灣大學的網域名是 ntu.edu.tw，她的數學系也可以用 math 當作次網域名，造成的網域 math.ntu.edu.tw 並不會和中央大學數學系網域相衝突。同理，台大數學系也可以有一台名叫李白的主機，它的全名便應該是 libai.math.ntu.edu.tw。

　　主機的全名，英文又稱它是 domainname。這是因為在邏輯上，主機可以被視為最小的網域，放在樹狀圖的最下端。這個概念雖然合邏輯，但是很不幸地容易造成混淆，所以讀者要謹慎從前後文中瞭解 domainname 的意義。

DNS 伺服機

對人而言，文字比較具有意義，所以比較容易記憶。有了 DNS，人們只要記住主機的全名即可。但問題是：電腦只認 IP 地址。所以，每當您對電腦說一台主機的名字，他都必須要先將名字解譯 (*resolve*) 成 IP 地址，才能開始連線和傳送資料。實務上，幾乎不可能在每一台主機上儲存一張所有主機的名字與 IP 地址對照表。這個問題的解決方案，又是使用主從架構：設定一部主機擔任 DNS 伺服機，由它負責解譯工作，其他的主機則當作他的客戶。

　　通常每個網域至少有一部 DNS 伺服機，而網際網路上的 DNS 伺服機彷彿是一個龐大的代理商網絡，她們自有辦法互通消息交換有無，因而得知網路上每一台主機的名字和 IP 地址。每台主機必須要設定他的 DNS 伺服機；而且，主機必須以 IP 地址而不是以名字來設定 DNS 伺服機 (為什麼？)。DNS 伺服機的 IP 地址可以寫定在主機的網路設定檔案內，也可以透過 DHCP 取得。

　　如果網路暢通，但是 DNS 伺服機失靈了，則您指示給電腦的主機全名便無法解譯，因此會看到「找不到這台主機」之類的錯誤訊息。這時候，您如果可以告訴電腦對方的 IP 地址，還是可以連線成功。

電子郵件

電腦網路跨足於通訊領域的第一項工具就是電子郵件 (*e-mail*)，它誕生於 1972 年，是網際網路最初的應用之一。電子郵件服務可以分成兩部分來看：真正在網路上收發電子郵件的郵件傳輸軟體 (**MTA**: *Message Transfer Agent*) 和提供人們讀信、寫信並整理信件的郵件用戶軟體 (**MUA**: *Mail User Agent*)。

　　MTA 必須放在全年無休的主機上，否則便無法隨時接收或發送電子郵件。但 MUA 可以放在使用者的個人電腦裡面，只在有需要的時候才與網路連線。所以一般家庭或辦公室中的電腦，沒有 MTA 而只有 MUA。常見的 MTA 有 sendmail 和 postfix，而 MUA 的形式就很多了，有獨立的軟體 (例如 Outlook Express)，也有整合在網頁瀏覽器裡面的 (例如 Mozilla)，還有直接做成互動網頁的 (例如 gmail)。

　　MUA 提供一個介面，讓我們撰寫、轉寄或回覆一封信，或者是管理已經收到的信件，包括分類和刪除等等。但是 MUA 本身不會寄信，它必須將外送的信件上傳 MTA，請她代為寄出；在 MUA 寫好的信不一定要立刻寄出，可以等到下次連線的時候才傳送出去。MUA 本身也不會收信，其實是 MTA 已

經代收而儲存在她提供的磁碟機內，等到 MUA 上線的時候才下載過來。

　　由上可知，MTA 提供兩種服務：外送 (*mail relay*) 和郵箱 (*mailbox*)。外送就是按照郵件地址 (*e-mail address*) 與另一部 MTA 主機連線，然後將郵件傳送過去。而郵箱就是代客收信，並且提供定量的磁碟空間儲存郵件，等待用戶來下載。我們可以用同一部 MTA 主機當作外送與郵箱伺服機，但是也可以在 MUA 裡面設定好幾個不同的外送與郵箱伺服機，就好像一個人可以有好幾支不同的電話號碼一樣。當您用甲機的 MTA 送信，則那封信的回信地址自動是您在甲機的郵件地址。您可以利用 MUA 設定不同的回信地址，使得不論從哪一部 MTA 寄出去的信，對方回信給您時，都會寄到同一個郵箱去。

　　E-mail 地址的一般形式是 name at domain。其中 domain 就是 MTA 所在的主機全名或網域名，at 是 @ 符號，name 通常是個人在 MTA 主機上註冊的用戶名，但是也可能是另外取的別名 (*alias*)。譬如作者在李白上的用戶名是 shann，但是李白屬於中央大學數學系網域，而這整個網域共用一部 MTA 主機，因此她的郵件地址寫網域就好，是 shann@math.ncu.edu.tw。

　　電子郵件可以發送副本 (*carbon copy*)，也可以設定收信人群組而將同一封信寄給許多人，包括自己在內。但是要知道不論是副本還是同時寄給自己，都不等於對方也收到了信。如果要確定對方收到信，應該用確認功能 (並非每個 MUA 都提供這個功能)，也就是當對方的 MTA 收到信之後，會自動回覆一封確認信給發信者。

　　電子郵件的內容，可以分成內文 (*body*) 與附件 (*attachment*) 兩部分。內文只有一份，附件可以有很多份。內文只能寫文字，附件可以傳送圖片、聲音或任何檔案。為了提高工作效率，也為了避免造成對方的困擾，電子郵件應該盡量採用內文，而不必夾帶附件，因為附件除了需要額外的軟體與更長的時間來開啟之外，也可能傳染病毒或蠕蟲。

　　電子郵件可以傳遞各種字碼，例如 Big-5, Latin-1 或 Unicode (utf-8)。問題是，收信人未必總是能夠預測寄信人所採用的字碼。如果寄信的 MUA 用 Big-5 碼表達中文，而收信的 MUA 用 Unicode 的字型來呈現文字，讀起來當然沒有意義；通常說那是亂碼。有些 MUA 會自動附記發信採用的字碼，但是最保險的作法，是在信件內文中以 ASCII (亦即英文) 表明自己所採用的字碼。

　　電子郵件的主要功能在於簡短而快速地通訊，因此撰寫電子郵件的時候比

較不注重傳統書信的禮節。譬如『鈞鑒』、『順頌』這類的語言都可以省了。但是，最基本的禮節還是不能偏廢的，這是人際關係的延伸。例如，不必出言魯莽，可以有適當的問候，以及，最重要的，在信件結尾處落款 (通常稱為簽名檔)，寫上您的姓名和基本聯絡方式，以示對於信件內容的負責。

帳戶、認證與授權

很顯然的，您不會希望任何人都能用您的名義寄出 e-mail，也不希望任何人可以下載您郵箱裡面的 e-mail。因此不論使用外送和郵箱服務，都需要註冊 (register) 一個帳戶 (account)。註冊的過程，視情節輕重，可能需要提供相當程度的個人資料。註冊完成之後，就會核發一對用戶名 (user name) 和通行碼 (password)。用戶名與通行碼便是一對認證資料，而所謂認證程序 (authentication) 就是核對這兩筆資料的過程。MUA 通常可以記憶這些帳戶的認證資料，在它與 MTA 連線的時候自動完成認證程序。

認證之後便會授權 (authorization)。例如有權使用 MTA 送出 e-mail，或是有權從郵箱中下載自己的 e-mail。讀者對於認證與授權的程序顯然並不陌生，您可能早就在我們的教材網站上註冊，也就有一對用戶名和通行碼了。通過教材網站的認證程序之後，依身分不同就有不同的授權。譬如網友都有權執行自我評量，但學生才有權參加考試和檢閱成績。

智慧財產權與開放軟體

網路的發展使得資訊的傳遞與複製，從來沒有像現在這麼方便過。在此方便的同時，對於智慧財產的侵犯，卻也從來沒有像現在這麼嚴重過。我們常聽到一種自我解釋的說詞，說是企業的壟斷，或者強權的壓迫，或者價格與耐用性的不合理。但是無論怎麼說，都難以撇清在道德上抄襲而在法律上侵佔的責任。

事實上，您也有不觸犯法律、不違背道德又不花錢的選擇。電腦上人人皆有創作的自由，而網路上人人皆有發表的舞台。就是有許多人願意開放自己的作品任人享用，從軟體到小說到歌曲到電影都有。您別急著說這些創作的品質低落；就以電腦軟體為例，著名的 GNU 開放軟體不但完整而可靠，更不乏足以傳世的經典之作。這些人也許另有本業提供舒適的生活，不以網路上發表的創作為生。但是那些以創作為業的人 (以後說不定就包括您自己) 也有權利過舒適的生活。這就是為甚麼我們應該尊重智慧財產權，同時又善用開放軟體。

2.06

4

任何想要交給電腦處理的資料，包括文章、圖像和歌曲，或者指揮電腦處理這些資料的程式 (或稱爲軟體)，都必須先放在電腦的記憶體裡面，才能被 CPU 處理。但是記憶體通常容量不太大，而且關機之後就會遺忘，所以這些資料和程式平常都被儲存在即使關機也不會流失的外部儲存裝置 (*external storage device*) 之中，等到需要用到的時候才複製去記憶體。當我們儲存資料和程式的時候，爲了管理上的方便，將它們規劃成一個一個的檔案 (*file*)。

最常用來儲存檔案的外部儲存裝置就是磁碟機。以下我們先簡介記憶體和磁碟機，然後講作業系統以及她提供的檔案系統管理工具。網路的主機名稱和個別主機的檔案系統都是以樹狀圖爲模型，它們自然地串接成「網址」，使得整個網路構成一個非常大的檔案系統，這就是所謂的網路即電腦。

記憶體

1.28

記憶體是 von Neumann 等人提出「程式和資料都要儲存在計算機裡面」這個概念之後，因應而發明的硬體。在製造的材料與技術上幾經變革，但是在功能上總是要維持資料和程式的位元狀態 (0 或 1)，並且能夠直接被 CPU 存取。

常用而較爲大量的記憶體是隨機存取記憶體 (**RAM**: *Random Accessible Memory*)，它的特性之一就是：一旦關掉電源，記憶就會流失。相對的是較爲少量的唯讀記憶體 (**ROM**: *Read Only Memory*)，在關機後可以保持位元狀態，但是通常 CPU 不能寫入 (也不能修改) 這些記憶體的內容，只能讀取。我們操作電腦時使用的程式與資料，幾乎都是先從磁碟機載入 RAM 裡面，然後被 CPU 處理。

RAM 以字元爲單位，而字元也是 CPU 存取記憶體的最小單位。意思是說，CPU 一次最少就是取得一個字元，他不能從記憶體取得半個字元 (4 bits)，也不能只取其中的一個位元。爲了指稱較大量的記憶體，所以衍生出以下各種單位：2^{10} 字元稱爲一 KB (kilobyte)。英文 kilo 本來是「千」的意思，但是 KB 並非一千字元，而是 1024 字元。2^{10}KB、也就是 2^{20} 字元，稱爲一 MB (megabyte)，大約是一百萬 (10^6) 字元。2^{10}MB、也就是 2^{30} 字元，稱爲一 GB (gigabyte)，大約是十億 (10^9) 字元。2^{10}GB、也就是 2^{40} 字元，稱爲一 TB (terabyte)，大約是一兆 (10^{12}) 字元。

想像 RAM 是一條很長的帶子，帶子上分隔成很多一樣大小的格子，每

個格子存放一個字元，而且每個格子有一個唯一的號碼，就是記憶體地址 (*memory address*)，從 0 開始用整數編號。例如一台配備了 512MB 記憶體的電腦，它的記憶體地址就從 0 號依序列到 536870911 號。RAM 之所謂「隨機存取」的意思，就是 CPU 可以直接存取任意一個地址的內容，而不是笨笨地從 0 號開始按照順序去找那個地址。

磁碟機

不論磁碟機是安裝在電腦機殼的裡面還是外面，在概念上它都是周邊設備，也都像鍵盤、滑鼠和監視器一樣，需要透過專用的訊號線與電腦相連。磁碟機 (*disk drive*) 是從磁碟片上讀寫資料的機器，磁碟片 (*disk*) 才是真正儲存資料的介質，稱爲載體 (*media*)。就載體的技術或材料而言，磁碟機可分成軟碟 (*floppy disk*) 和硬碟 (*hard disk*) 兩種。兩者概念相同，只是軟碟片可以與磁碟機分離，便於攜帶；而硬碟片總是固定在硬碟機裡面，不能輕易分離；但是有一些小巧的硬碟機可以從電腦上拆下來攜帶。

載體的容量也是以字元爲單位，它們的容量通常比 RAM 還大，所以也使用 MB, GB 和 TB 等衍生單位。載體雖然通常是圓盤形狀，但是在概念上，還是可以像 RAM 一樣想像成一條很長的帶子，帶子上分成很多一樣大小的格子，每個格子稱爲一個區塊 (*block*)。每個區塊有一個唯一的地址，也有一定的容量，從 $\frac{1}{2}$KB, 2KB 到 8KB 以上都有可能。在載體上劃分區塊並給予地址的程序稱爲格式化 (*format*)，載體必須先格式化才能讓磁碟機讀寫。

4.10 ⟶

所謂檔案本質上也不過就是一串字元。若檔案含有 n 個字元，則我們稱其含量爲 n 拜。如果含量頗大，那麼也用前述的衍生單位。例如紅樓夢大約八十萬字 (含現代標點符號)，如果以 Big-5 碼將之轉換成電子檔案，則檔案含量大約是 1.6MB。

原則上，區塊是磁碟機的最小讀寫單位。所以即使您儲存含量只有一個字元的檔案，那麼它也得佔據一整個區塊。如果您將一個含量爲 2049 拜的檔案儲存到區塊爲 2KB 的載體，則它就佔據兩個區塊：第一個區塊儲存了 2048拜，第二個區塊儲存了 1 拜；因此，那載體的可用容量便減少了 4KB。

一個真實的硬碟，可以被軟體切割成一個以上的分割區 (*partition*)。對作業系統而言，每個分割區就好像是一個獨立的磁碟機。我們將硬碟切割成區塊的原因，通常是爲了預留足夠容量儲存某些性質的檔案，或者是爲了備份和存

取上的方便，或者是爲了存放不同的作業系統。

外部儲存裝置其實還有許多形式，其中一大類的載體是某種「碟」，例如光碟機 (CD-ROM drive)、磁光機 (MO drive)、ZIP 磁碟機等等。就操作而言，也都大同小異。另一大類的載體則是某種「帶」：它們的外形都像錄音帶，雖然寬窄、容量不同，但是操作方式都差不多。最新的一類，旣不「碟」也不「帶」，它們以快閃記憶體之類的電子元件當作載體，製成小巧的卡片或條狀，不需要任何會轉動的機械，通常也不必另接電源，只要安插在電腦的標準外接孔上就能使用。形形色色的外部儲存裝置層出不窮，它們的功能與目的都是：在沒有電源的情況下保存資料的位元狀態。

4.09

開機程序

所謂開機 (*bootstrapping*) 基本上就是電腦將作業系統從磁碟機載入記憶體的程序。電腦在出廠的時候，就在 ROM 裡面儲存了非常基本而少數的能力，我們想像那是電腦的「本能」。不同廠牌的電腦，或者不同 ROM 版本的電腦，有著不同的本能。一項共同的本能，就是去尋找作業系統，把她請出來擔任總管。

以 IBM 相容之個人電腦爲例，他的開機程序就是先尋找一個被稱爲 A 槽的軟碟機，看看裡面有沒有安插軟碟。如果有，他就在那張軟碟的特定位置讀取開機指令，稱爲開機磁區 (*boot sectors*)。一個磁碟只有一段固定的開機磁區，不能轉移到軟體切割的分割區上。

如果 A 槽有磁片但是開機磁區是空的、或者記載電腦無法解讀的指令，他就不知道該怎麼辦，於是在監視器上顯示一些訊息 (例如 Not a system disk) 然後停在那裡。如果 A 槽空著，他可能依序尋找第一顆光碟或者第一顆硬碟的開機磁區。如果都沒有成功，他就不知道該怎麼辦才好，最後就會在監視器上顯示一些訊息，然後停在那裡。

作業系統是一套由很多檔案組成的軟體，因此開機磁區內不可能放得下眞正的 OS，其實那裡放的只是開機指令。就好像玩大地尋寶遊戲一般，電腦讀開機指令，按圖索驥到磁碟的其他地方 (甚至是另一顆磁碟的某處) 去尋找 OS 的核心部分。一旦找到那核心部分，就會得知整個作業系統之所在。陸續執行起來之後，作業系統便佔據了電腦，並展現她的面貌，而電腦的本能就不再輕易顯露出來。透過 OS 提供的圖形和文字操作介面，使用者便能輸入指令，操縱周邊設備，執行各式各樣無盡可能的軟體。

至此，我們明白：任何軟體只要佔據了開機磁區，就能佔據整台電腦。進而可以瞭解，同樣的電腦硬體，其實可以執行不同的作業系統。譬如個人電腦不一定非要使用微軟的 Windows 當作 OS，還有其他選擇，例如 UNIX 類型的 Linux 或 FreeBSD。此外我們也可以瞭解，何以有些電腦開機之後會出現「選擇作業系統」的畫面？那是因為它的開機磁區並沒有存放開機指令，而是被某種選擇作業系統的特殊軟體佔據了。

檔案系統

區塊地址就好像網際網路的 IP 地址，電腦其實是以區塊地址來存取檔案。但是為了人的方便，需要給檔案取個名字，以便記憶。首先我們需要一張表格來記錄檔案名字和它對應的區塊地址。這張表格本身也是一個儲存在磁碟上的檔案，OS 規定它必須放在特定區塊，否則她該怎樣在茫茫磁海中尋找那張表格？放在這段特定區塊的表格檔案稱為根目錄 (*root directory*)，每個磁碟區塊都有唯一的一個根目錄。

根目錄有兩種問題：(1) 很明顯地，每個檔案必須取個唯一的名字。這樣，檔案越多就越難取個有意義而不重複的名字。(2) 根目錄事先被規定在特定區塊內，所以它的容量是固定的。萬一檔案實在太多，就會達到那個容量上限。就像 DNS 那樣，只要把樹狀圖模型再套用上來，就能夠同時解決這兩種問題。

我們在根目錄裡面，除了記錄普通檔案的名字和地址之外，還記錄其他表格檔案的名字和地址。這種特殊的表格檔案叫做目錄 (*directory*)，或者又稱為檔案夾或資料夾 (*file folder*)。在不同目錄裡面，可以有同樣的檔案名；就好像在不同網域裡面，可以有同樣的主機名。而且還可以把檔案分門別類地放在不同的檔案夾內，以便日後尋找。有了下層檔案夾之後，根目錄就不需要放太多檔案，因此也就不必過分擔心它的容量上限了。

每個目錄又可以含有許多個目錄，稱為它的子目錄 (*subdirectory*)。但是每個目錄只屬於另一個目錄，稱為它的上層目錄 (*parent directory*)。根目錄的上層目錄就是它自己。就這樣，將目錄畫成節點，從唯一的根目錄開始，將每一個目錄的子目錄畫成下一層並列的節點，並且和自己連成線段，就可以畫出一棵生生不息向下成長的樹狀圖了。這就是一個檔案系統 (*file system*)。

4.14

所有的檔案和目錄都有名字，唯獨根目錄沒有名字。這是因為不再有另一張表格來記錄根目錄的名字，而且 OS 本來就知道它所在的區塊，所以也不必

靠著查表來得知其位置。微軟用反斜線 \ (*backslash*) 來代表根目錄，UNIX
用斜線 / (*slash*)。檔案本身並不知道它自己的名字 (它也沒必要知道)，它的
名字被記錄在所屬的目錄裡面。修改檔案名字，其實不牽涉檔案本身，只是在
目錄內修改了檔案名而已。

　　就好像主機全名一樣，檔案的「全名」就是從根目錄開始，將它所屬的目
錄從上到下一層一層寫出來，用斜線或反斜線隔開，直到自己的檔案名；檔案
全名又稱為它的絕對路徑 (*absolute path*)。如果是微軟的檔案系統，還要在
根目錄前面寫上磁碟槽的符號。例如在 C 槽中，有一個 Program Files 檔案
夾，其內有一個 Quick Time 檔案夾，裡面有一個 Readme.WRI 檔案。那麼，
它的全名就是 C:\Program Files\Quick Time\Readme.WRI。微軟 OS 稱磁碟
或分割區為磁碟槽，每個槽有一個檔案系統。UNIX 把所有磁碟或分割區掛
(*mount*) 在同一棵樹上，因此 UNIX 只有一個檔案系統。例如在 UNIX 的根
目錄內有一個 usr 檔案夾，其內有一個 bin 檔案夾，裡面有一個 telnet 檔
案。那麼，它的全名就是 /usr/bin/telnet。

檔案與磁碟管理

被擬人化想像為內務總管的作業系統，有三大任務。第一是管理電腦的記憶體
與周邊設備，第二是管理想像成一棵大樹的檔案系統，第三以後再說。就檔
案系統的管理而言，OS 最起碼的工作包括檢閱目錄的內容：檔案名、檔案含
量、最後修改日期等。對於檔案，要能夠新建 (create)、刪除 (remove)、更名
(rename)、複製 (copy) 與搬移 (move)。對於目錄，亦復如是。一般來說新建
檔案是應用程式的工作，但是 OS 通常也能夠新建檔案。新建的空檔案可以不
佔有磁碟空間，只是在目錄內加了一筆資料。

　　OS 能夠為檔案系統做基層準備工作：分割磁碟機、格式化磁碟或分割區、
檢查載體是否有壞掉的部分；如果有，應該把有瑕疵的區塊地址記起來，日後
不再使用。此外，作業系統也能簡報磁碟或分割區的使用率：總容量、已經用
掉多少、還剩下多少可用容量。

　　為了讀寫之效率，電腦會盡量將檔案儲存在連號的區塊內。讀者可以想
像，當您使用電腦，難免經常修改、刪除和新增檔案。久而久之，許多檔案便
不能儲存在連號的區塊，而會分佈得越來越散亂。散亂的比率越高，磁碟機讀
寫的效率就越低。OS 應能檢查磁碟機內檔案的散亂比率；如果散亂率過高，

OS 也該提供整理磁碟的工具。但是這整理的過程非常危險，萬一出了差錯，可能整個檔案系統都毀了。爲了避免各種可能造成檔案毀損的意外災害，作業系統提供備份 (*backup*) 與鏡射 (*mirror image*) 兩種保全功能。

鏡射通常與磁碟陣列 (*disk array*) 合作，使用兩部同型的磁碟機。每當 OS 要對檔案做任何事，都同時在兩部磁碟機上各做一次。因此，兩部磁碟機的檔案系統會保持完全一致。萬一有一部磁碟機壞了，另一部可以立刻接手。

鏡射並不能修復因不愼刪除或者錯誤地修改所造成的損失，這得要靠備份；基本上就是將檔案系統複製到另一個外部儲存裝置：磁碟、磁帶或光碟。所以備份其實就是檔案複製，只是專門做備份的軟體可以比較方便地複製大批檔案和目錄，還能夠根據檔案修改日期或其他條件來判斷是否需要複製。備份的載體最好是磁帶或光碟，這樣才方便長期保存，並且可以存放在另一個安全的地點。最後要提醒您：鏡射和備份都不見得能保存開機磁區，請留意。

初學者經常忽略備份的重要性，那是因爲他可能還沒有值得重視的檔案。使用電腦從事生產創作的人，逐漸會發現檔案的價值遠遠超過任何軟體、硬體的價值。通常總要經過一次慘痛的教訓，才會開始體認備份的重要。

檔案類型與關聯

檔案粗分成兩類：目錄和普通檔案。普通檔案又按照其功能、內容或格式，細分成許多檔案類型 (*file type*)。所謂的程式、軟體或工具，都是可執行 (*executable*) 檔：可以交給 CPU 去執行。相對地，被處理的資料檔案，通稱爲文件 (*document*)。文件也分成許多類型：例如同樣是圖像文件，依照其儲存格式之不同，而有所謂 GIF, PNG 或 JPEG 等類型。我們習慣用副檔名 (*file extension*) 來記錄檔案的類型，而副檔名通常用一到四個 ASCII 字符。例如微軟的 OS 用 exe, com 和 bat 當作可執行檔的副檔名；所有 OS 都用 gif 當作 GIF 格式圖檔的副檔名，但是有些使用 jpg 有些使用 jepg 當作 JPEG 格式圖檔的副檔名。副檔名以一個點 (dot) 與檔案名隔開，而且放在名字的最後。

作業系統可以將副檔名設定爲某種媒體類型 (MIME: *media type*)，譬如副檔名爲 gif 者設定爲 image/gif 類型。然後再爲每種媒體類型指定一個關聯的可執行檔 (也就是程式)，例如指定 image/gif 的關聯爲 ACDsee.exe。這就是文件導向圖形操作介面的秘密：使用者只要用滑鼠在文件的圖標上點兩下，表示要開啓文件，OS 便能自動找到處理該文件的程式，先執行那個程式，再

5.11

由那個程式開啓指定的文件。譬如在 `panel.gif` 的圖標上點兩下，OS 便知道先執行 ACDsee 秀圖軟體，然後在 ACDsee 視窗裡面打開 `panel.gif` 這張圖。某些類型的檔案可以被許多種不同程式開啓，例如 GIF 格式的圖檔其實也可以被 MS-IE 開啓，所以我們也可以指定 `image/gif` 的關聯爲 MS-IE。

並沒有一套嚴格標準來規定副檔名所代表的檔案類型，這一方面是約定俗成的結果，另方面透過作業系統的檔案關聯而產生實際意義：即文件導向。

微軟和 Apple 的圖形操作介面都會在目錄列表的時候隱藏副檔名，她們認爲這樣比較友善。但是這個體貼的善意經常導致不必要的誤會，有專業能力的電腦操作者，最好還是看到副檔名比較妥當。

URL 與 WWW

網際網路上的主機名稱，處於一棵樹狀結構內。主機磁碟裡的檔案，也處於一棵樹狀結構內。將這兩棵樹接合在一起，我們就能指稱網路上任何一台主機的任何一個檔案。這類機制之中，最常見的就是 **URL** (*Uniform Resource Locator*) 俗稱網址。URL 的基本形式是 `Method://Host/File`。其中 Method 是根據網路服務的形式而決定的關鍵字，最常見的就是 WWW 服務採用的 `http` 形式，而 Host 就是主機全名或 IP 地址，File 就是在 Host 磁碟機上的檔案名。

全球資訊網 (**WWW**: *World Wide Web*) 是一種主從架構的網路服務。主機只要執行了 Web 伺服軟體 (例如微軟的 IIS 或開放的 Apache)，就成爲 Web 伺服機。而所謂網頁 (*web page*)，最攏統的意思就是經由 Web 伺服機傳送出來的檔案。Web 伺服機會在他的檔案系統內指定一個檔案夾當作 WWW 服務的根目錄，而 URL 裡面的 File 就是從這個服務根目錄開始寫它的檔案名。以作者的李白主機爲例，他的 WWW 服務根目錄是 `/home/apache/htdocs`，裡面有一個 `index.html` 檔案。當您要求瀏覽器開啓 `http://libai.math.ncu.edu.tw/index.html`，其實李白的 Web 伺服軟體傳送了 `/home/apache/htdocs/index.html` 給您。

原則上，服務根目錄以下的所有資料夾與檔案都可以透過 Web 伺服軟體而對外公開。只要有人以 URL 形式指定了一個檔案，伺服機就傳送過去。如果 URL 只指定了資料夾，那麼伺服軟體會在指定的資料夾裡面尋找內定的檔案，將它送出去。內定檔案可以不只一個，但是要規定它們的優先順序。例如 `http://libai.math.ncu.edu.tw` 相當於指定了李白的 WWW 服務根

目錄，並沒有指定檔案。於是李白就在 /home/apache/htdocs 裡面依序找尋 index.htm, index.html 和 index.php，第一個找到的是 index.html，所以就送出了它；而這張網頁又稱為李白的首頁 (*homepage*)。

檔案傳輸與分享

檔案傳輸 (**ftp**: *file transportation*) 是網際網路誕生以來的第二個應用程式。它的目的就是讓主機之間傳遞檔案。把檔案從此端送到遠端，稱為上傳 (*up-load*)，反之稱為下載 (*down-load*)。如果遠端對象是一個特定帳戶，就需要通過遠端主機的身分認證程序。網路上有許多提供大眾服務的 **ftp** 伺服機，裡面存放各式各樣的檔案，給公眾隨意下載。開放的 **ftp** 伺服機要求一種形式上的身分認證，所以等於不需要身分認證。幾乎所有的開放軟體，以及大部分試用版和開放版的商業軟體，都以這種方式傳播。

　　主要用來閱讀網頁的瀏覽器 (*browser*) 也可以作為檔案下載的工具：它不但可以從 Web 伺服機獲得檔案，還可以下載指定的檔案。就取得開放軟體而言，利用瀏覽器的下載功能也就足敷使用。若要瀏覽器提供完整的 **ftp** 功能，例如上傳檔案或者傳輸整個資料夾，則要指定 **ftp** 服務的 URL。例如 ftp://dongpo.math.ncu.edu.tw 便是與中大數學系的東坡 **ftp** 伺服機連線。

　　ftp 伺服機也會指定一個 **ftp** 服務的根目錄，而 URL 指定的檔案名也就是相對於這個根目錄命名的。原則上 **ftp** 服務根目錄以下的所有檔案都可以透過 **ftp** 伺服軟體對外開放。例如東坡的 **ftp** 服務根目錄在 /home/pub，則 ftp://dongpo.math.ncu.edu.tw/chitex/unix/README 就是要求東坡以 **ftp** 服務傳遞 /home/pub/chitex/unix/README 檔案的意思。

　　有些軟體提供更精緻的 **ftp** 功能，例如續傳和預約：前者可以將傳輸中斷的檔案暫時儲存，爾後不必重新傳輸，只要接續傳送未完成的部分就好了。後者可以預先設定開始傳輸的時間，有必要的話先自動完成身分認證，然後傳輸檔案。還有一些軟體整合了 **ftp** 功能，讓人在不自覺的情況下讀取或儲存了遠端的檔案。譬如有些能夠從網路自動更新的軟體就是這樣做的。

　　檔案傳輸的主要理念，在於大量而且自由地分享所有資訊。不過，這也引起了眾所矚目的智慧財產權問題。我們建議讀者以尊重原創者的觀點來看這個問題：如果原創者不想開放自己的創作，我們應該尊重其意願。設身處地想想，如果我們自己辛苦創造了一件作品，也希望別人尊重，對吧？

5　這一講先介紹多人多工的作業系統，然後接續第四講，介紹多人共用的檔案系統，以及相對於圖形操作介面的文字操作介面和模擬終端機。話題自然地從遠程簽入延伸到網路安全。接著，話題有點牽強地轉而接續第三講，以四層樓的分工模型來講解網路的運作概念，希望讀者藉此瞭解一些比較深入、但是在日常應用中還是會遇到的課題，包括 TCP 埠號與 IP 網路遮罩。

多工作業系統

如今我們常用的作業系統，都具備多工 (*multitasking*) 功能：意思是說可以讓電腦「同時」處理不只一項工作。譬如您的電腦可以同時開啓好幾個視窗應用程式，其中一個視窗播放著流行歌曲，另一個視窗登入了某個網路聊天室，還有一個視窗擺著您寫到一半尚未存檔的報告，而最上層的瀏覽器視窗正呈現著 BCC16 的線上教材；這時候，被遮在下面的即時通視窗卻發出呼叫聲，使您知道有人想要找自己對談了。

　　相信讀者非常熟悉上述的情境，這樣的工作環境即使在二十世紀末都還算奢侈，而在 1990 年則是幾乎不可能的。這樣的成就一方面來自於硬體工業，一言以蔽之就是莫爾定律 (*Moore's law*)：晶片上的電晶體數量以每兩年兩倍成長。這句話本來是根據 1970 年代初期的經驗所作的預測，但是 Moore 卻將它設定為 Intel 公司的成長目標，迫使這句話在二十世紀的後 30 年實踐不墜。對消費者而言，簡單的說就是 CPU 的速度每兩年快一倍，RAM 的容量每兩年大一倍，終於使得一般人的家用電腦可以「同時」做那麼多事。

2.15

　　但是不論 CPU 的動作有多快，他仍然只能在每一時間執行一個指令動作；速度的提昇，只是使得 CPU 的每一個動作都更快完成，並不會使他「同時」進行兩個動作。讀者或許知道有平行電腦，那是讓兩個以上 CPU 同時工作，每個 CPU 仍然是每一時間執行一個指令動作。

　　另一方面，讓電腦看起來好像「同時」做許多事，也是軟體工業的成就，特別是作業系統的工時分享 (*time sharing*) 技術。OS 將每一個需要執行的程式包裹成處理單元 (*process*)，讓 CPU 每隔一小段時間 (譬如說 $\frac{1}{60}$ 秒) 就換個單元，因此每個單元都分享到一點 CPU 時間。但是 CPU 動作很快 (譬如每秒六億個動作)，所以這一小段時間他已經做了許多事 (譬如執行了一千萬個指令)。這些處理單元很快地輪流執行，使得我們感覺電腦同時執行了許多程式。

在概念上，每一個單元就好像一部專門執行一個程式的電腦，有它專屬的 CPU 和記憶體。一個單元可能生出 (*spawn*) 另一個單元來執行另一個程式。例如您可能使用微軟 IE 來瀏覽 BCC16 線上教材，那就有一個單元在執行 IE 程式。一旦進入採用 Java 工具的自我評量，執行 IE 的那個單元就會生出一個新單元，來執行 Java 虛擬平台程式。一個單元可以生出許多單元，但是它只能從一個單元生出來。所以，把單元的從屬關係畫成圖，又是一個樹狀結構。第四講曾說作業系統有三大任務，那第三個，就是管理這一棵由處理單元形成的樹，並且安排這些單元分配到的 CPU 時間，以及它們輪流被處理的順序。

多人共用的檔案系統

多工的作業系統，增加了帳戶與授權的機能，就能讓多人共用。譬如讀者可能都很熟悉的電子佈告欄 (**BBS**: *Bulletin Board System*) 就是一個多人共用的系統，每個帳戶一對用戶名與通行碼。通過系統的認證程序之後，用戶有權作某些事，譬如可以在某些討論版內張貼文章或刪除自己的文章，如果還具備某個版的版主身分，則有權作版面管理；而用戶無權作其他的事，譬如不可以刪除別人的文章，不可以讀別人的信件，不可以在系統公告版內張貼文章等等。這些就是系統授權，使得個別帳戶具有不同權限的效果。

利用工時分享的軟體技術，也可以將每個用戶的每個程式，都分別放在處理單元裡面，由 OS 根據帳戶的授權來安排各別單元所能分享的 CPU 時間和記憶體容量。原則上所有用戶被放在一個公平的基礎上分享電腦資源，只要資源足夠豐富 (CPU 夠快、RAM 夠多)，就能讓每個用戶都感覺他好像是這部電腦的唯一使用者。

除了工時分享之外，多人共用的 OS 還必須讓檔案系統能夠配合授權機制。每一個普通檔案和目錄，都有關於授權的屬性，包括它屬於哪個帳戶、哪個群組 (*group*)？而擁有它的帳戶或群組，又分別可以對它作些甚麼動作？這些動作包括目錄列表、執行和新增、開啟、修改或刪除檔案。權限設定的組合可以精緻地設定檔案系統的權限。例如有些資料夾容許用戶開啟已知名字的檔案，但是不讓他看到整個資料夾的列表；有些檔案只准修改內容，甚至將內容全部清除使它變成空檔案都可以，但是卻不准刪除檔案，也不准更改檔案名。

多人共用的 OS 會賦予每個帳戶一個專屬資料夾，稱為個人根目錄 (*home directory*)，讓人在這個資料夾裡面擁有全部關於檔案系統的權限：可以新增

目錄或檔案,在自己的權力範圍內設定檔案或目錄的授權屬性,以及一般的開啓、執行、修改、刪除、更名、複製和搬移等動作。

　　網路上的許多種服務,很自然地需要多人多工的作業系統。例如電子郵件的 MTA 部分,當然需要帳戶來分別儲存與發送 e-mail,而且也可能需要「同時」供應許多個 MUA 的需求。再如 Web 伺服機會指定每個用戶的個人 WWW 根目錄:通常是個人根目錄之內的 public_html 資料夾。用戶可以自己建立這個資料夾,而那底下的所有檔案和資料夾就都可以透過 Web 伺服機而對外公開了。譬如作者在李白上的用戶名是 shann,他的個人根目錄在 /home/faculty/shann,那裡面有一個 public_html 資料夾,其內有一個 index.html 檔案。則網址 http://libai.math.ncu.edu.tw/~shann 就取得了 /home/faculty/shann/public_html/index.html 檔案;那也就是作者的個人首頁。~ 符號俗稱『小蚯蚓』,英文名稱是 tilde。

　　UNIX 作業系統與 ARPAnet 一樣誕生於 1969 年,是 Thompson 等人在美國電信公司 (AT&T) 之貝爾實驗室 (Bell Lab) 的創作,如今 UNIX 可謂多人多工作業系統之典範。起初 AT&T 根本不打算行銷這個產品,所以早期的 UNIX 形同開放軟體,幾乎整個美國學術界都使用她,也引起許多人爲她寫應用程式,特別是網路應用程式。我們今天看到的網際網路應用與服務,起初幾乎都是在 UNIX 上面發展出來的,直到現在仍有大多數的網路伺服機選擇 UNIX 作爲作業系統。UNIX 後來繁衍出許多大同小異的版本或口味,包括 FreeBSD, Linux, AIX 和 Solaris 等;Mac OS 在 X 版之後其實也是一種 UNIX。

2.16

文字操作介面

所謂文字操作介面,就是要以鍵盤輸入文字來操縱電腦,而電腦也回應以文字訊息,告知執行的結果或狀態。相對於圖形操作介面以滑鼠在選單上點選指令,使用文字操作介面必須記得指令的名字,才能打字輸入指令。初學者難免會被大量的指令名字困擾,但是熟練以後就會同意:文字操作介面旣方便又有效率。微軟的 Windows、UNIX 外加 X Window 和 Mac OS 雖然都是圖形操作介面,但是也都有一種模擬終端機視窗,在那裡面提供文字操作介面。

1.35

　　文字操作介面的外形很簡單,有一個提示號 (*prompt*) 顯示電腦準備好接受指令。常見的提示號有 > 或 % 或 # 符號。有一個通常會閃動的底線、直線或方塊符號,稱爲游標 (*cursor*)。當您鍵入文字,電腦就在游標的位置回應

您輸入的字符,而游標會向右退一格。當您完成了文字指令的輸入,按一下 Enter 將指令送去處理,而提示號會暫時消失;等到執行完成,把輸出 (如果有的話) 印在螢幕上,然後提示號才再度出現。

　　文字操作介面與檔案系統那棵「樹」有更密切的關係。打從我們進入文字介面的那一刻起,我們都隨時處於一個資料夾內,稱為目前的資料夾 (*current directory*)。除非在指令中指明檔案全名,否則所有您想要開啟的檔案,以及您想要儲存的檔案,都會在這個資料夾裡面開啟或儲存。

　　我們以變換資料夾 (*change directory*) 的方式,從檔案樹的一個節點爬到另一個節點。而我們當時所在的節點,就是目前的資料夾。變換資料夾的時候,可以說目的地的全名,也可以使用相對路徑 (*relative path*)。以 UNIX 的符號為例,若目前的資料夾是 /etc/rc.d/init.d,則要去 /etc/rc.d/rc5.d 的相對路徑就是 ../rc5.d。其中 .. 代表 (唯一的) 上層目錄。

4.14

　　所謂指令,通常就是一個可執行檔案的名字。如果那個檔案不在目前的資料夾裡面,理論上我們就必須寫出它的全名。這不但麻煩,實際上我們也不可能記住這麼多指令的檔案全名。所以文字操作介面就有執行路徑 (*execution path*) 的設計,讓 OS 按照某個順序到某些資料夾裡面去尋找可執行檔案。

遠程簽入

遠程簽入 (*telnet*) 是網際網路有史以來的第一個應用程式。所謂簽入或登入 (*login*) 就是通過認證程序而使用某部電腦的帳戶。而遠程簽入就是讓您透過網路簽入一部遠方的多人多工主機,當然您必須先註冊了一個有效的帳戶才行。

　　遠程簽入之後,您面前的電腦會有一個模擬終端機視窗,視窗內是遠端電腦的文字操作介面。也就是說,您透過此端之鍵盤所下達的任何指令,都被傳送到遠端去執行。遠端不論是回應您輸入的指令,或者印出執行的結果,都將訊息回傳此端,而顯示在模擬終端機視窗之內。

　　要操控遠端的主機,倒也不是非得用文字操作介面不可。例如微軟已經有遠端桌面可用,X Window 也可以將圖形與視窗從遠端輸出到您面前的桌面上,如此則可以使用此端的滑鼠來操作遠端的 GUI。雖然透過 GUI 來操控遠端主機的機能應該會越來越方便,遠程簽入與文字操作介面,還是會因為其簡便和效率而繼續被專業人士使用。

通行碼與網路安全

任何人只要得知一對用戶名和通行碼，就可以簽入一個帳戶而頂替別人的身分或者竊取資料。一旦被入侵，被冒用的帳戶固然受害，其實也會危害同一台主機內所有其他用戶的個人隱私。因爲帳戶名是很容易取得的公開資訊，所以該要保守秘密的是通行碼。這就是爲什麼一般人稱「通行碼」爲「密碼」。保護個人的通行碼，是網路時代的公民道德之一。

電腦有一些系統安全的設計可以幫助您保護通行碼，以後再說。個人能做的，除了保密之外，還要避免讓人猜測。入侵者經常會從您自己 (或近親好友) 的身分證號碼、電話號碼、生日、姓名、車牌號碼等等線索，去猜測您的通行碼。再不然就按照英文字典裡面的單字，用電腦程式一個一個去猜。如果您的通行碼是六個字母以內的英文單字，不出三分鐘就會被猜中。

預防猜測，就是要審慎地設計通行碼，使得它有規則卻又足夠複雜，容易被自己記住卻又不容易被別人猜中。設計通行碼的基本技巧，就是先想一個字根，然後故意把它拼錯或變形。譬如把 monkey 換成 mOn=K1y，或者把計概換成 Ji4gaiI。此外，四個簡單的習慣，可以省掉許多無謂的煩惱：

1. 通行碼絕不可以短於六個字元，絕不可以是英文單字，最好同時包含以下三類字符：大寫英文字母、小寫英文字母、數目字。

2. 絕不把通行碼寫在任何地方、絕不告訴別人通行碼。

3. 設計兩組以上通行碼，其中一組用在安全需求較高的主機上 (譬如您儲存私人檔案與郵件的主機)，另一組用在安全需求較低的主機上 (譬如您訂閱電子報、參加聊天室的主機)。

4. 每半年左右換一次通行碼。

每當我們簽入遠端主機，所有的輸入與輸出訊息，全都經過網路傳輸：包括您輸入的通行碼在內。而網路上的竊「聽」就像電影演的那麼容易：網路上就有讓人任意下載的竊聽軟體可以用。因此電腦的安全維護必須擴展到網路上，而不只是保守個人通行碼的秘密而已。網路安全可分成以下四類：

- 通路安全性　以免遭到竊聽
- 伺服機認證　以免被僞造的網站騙取資料
- 不可抵賴性　以免有人簽了合約卻不認帳
- 服務持續性　以免有人惡意造成網站忙碌，使其不能正常服務

當網址的 Method 採用 https，就表示要開啓安全通路。這時候雖然可以假設資料安全地傳給對方 (譬如您輸入的通行碼)，卻無法確認對方真的是您以爲的對象 (譬如一家網路銀行)。所以我們需要檢驗對方的網路憑證 (**CA**: *Certificate Authority*)，再決定要不要信任它。

上述四類安全問題，前三類都是以數學方法解決，以後再說。第四類問題部分可由防火牆防範，但終究還是有賴於網路管理人員和網路公民，共同營造一個繁榮而且方便的網路社區：包括保護自己的主機不使它中毒而散播病毒或蠕蟲，保護自己的帳戶不使它被人利用來當作惡意侵害的跳板。

網路的四層架構

在一部具備上網能力的主機裡面，我們可以想像網路訊息的處理流程有如一個四層樓的機構。最底層是實體層，就好像辦公大樓的地面層通常有一個專門收發郵件和貨物的門口一樣，接收的時候，它負責從同軸電纜、雙絞線或者無線電天線接受電波，將它轉換成 0 和 1 這種數位形式的訊號，然後傳給上層。發送的時候則反向爲之。

實體層總有一個網路介面 (*network adapter*)，每個網路介面在出廠的時候就有一個唯一的編號，稱爲介質地址 (**MAC**: *Medium Access Control*)，俗稱卡號。介質地址原來使用 48 嗶編成，習慣上每 8 嗶寫成兩個十六進制的數字，再以：號相隔。例如 08:00:20:11:5F:11 就是一個 48 嗶的介質地址。想像以後每個行動電話、PDA，甚至電冰箱、微波爐和遙控鎖都要上網，所以大家覺得 48 嗶組成的 2^{48} (約 281 兆) 個卡號地址可能還不夠用，於是另外規定了 64 嗶介質地址，它和 48 嗶介質地址是相容的。

⎯→ 1.17

這四層架構的二樓是 IP，三樓是 TCP，它們的職責如第三講所述。最上層就是應用層，例如 Web、DNS、MTA、DHCP 這些伺服軟體都在那裡。TCP 並不認得應用軟體，它是以埠號 (*port*) 傳送訊息。如果 IP 地址是電話號碼，那麼埠號就是分機號碼。每個 TCP 可以有 65536 個分機，每個應用軟體分配一台分機，而常用的軟體都已經有約定的埠號。例如 MTA 用 25 號、ftp 用 21 號、telnet 用 23 號、http 用 80 號。

大部分的網路程式在發出訊息的時候，就已經確定對方的 IP 地址。因此網路上絕大多數的主機都只要將訊息送至二樓，就知道訊息不是給自己的，可以丟掉不處理。但是有些網路程式必須以廣播 (*broadcast*) 的方式送出訊息。

例如 DHCP 的客戶在啓動之初，旣不知道自己的 IP 也不知道要向誰去問，所以只好以廣播的方式昭告天下：『我的卡號是 ⋯，我要一個 IP』。網路上也許只有一部主機 (DHCP 伺服機) 有必要將這個訊息傳到四樓，但是實際上所有上線的電腦都將這個訊息傳到了四樓，交給某個埠號後面的軟體，由它來決定該怎麼處理；如果那個埠號後面沒有軟體，雖然沒人處理，但是整個往上傳送的程序還是做完了。可見，過度的廣播會降低網路上所有主機的工作效率，當然也浪費了網路資源。因此，我們應該要限定廣播訊息的散佈範圍。總不能讓網路上每一部 DHCP 客戶，都向全世界八千萬台主機廣播尋求 IP 地址吧？

網路號碼與子網路

以下談的都是 IPv4。在觀念上，32 嗶的 IP 地址分成兩段，前段叫網路號碼 (*Network ID*)，後段叫主機號碼 (*Host ID*)。在網際網路上，每個區域網路有一個網路號碼，此號碼由某個國際組織協調分配。在區域網路之內，由其管理部門負責分配她自己的主機號碼。如此分層負責的管理模式，降低了 IP 地址的衝突機會。但是它並沒有多少公權力，還是要倚賴各階層網路管理者的合作。由於沒有一個政府或組織擁有全部網際網路，所以這似乎是唯一可行的辦法。

有些區域網路需要很多個主機號碼，例如大型跨國企業或機構；有這種需求的區域網路應該比較少。有些區域網路只需要很少的主機號碼，例如中小型企業；有這種需求的區域網路應該比較多。所以 IP 地址就按照這種不同需求分成五類，以下只列三類：

- A 類地址的後三個字元代表主機號碼，區域網路內可有大約 2^{24} 部主機
- B 類地址的後二個字元代表主機號碼，區域網路內可有大約 2^{16} 部主機
- C 類地址的最後一個字元代表主機號碼，區域網路內可有大約 256 部主機

這三類 IP 地址不是主機號碼的部分就是網路號碼，但是又規定 A 類的第一嗶是 0_b，B 類的前兩嗶是 10_b，C 類的前三嗶是 110_b，使得我們可以從 IP 地址的第一個十進制數字看出來它屬於哪一類：0–127 之間屬 A 類地址，128–191 之間屬 B 類地址，192–223 之間屬 C 類地址。例如中央大學和交通大學的 IP 地址都是 B 類，網路號碼分別是 140.115 和 140.113；台南一中和台中女中的 IP 地址都是 C 類，網路號碼分別是 210.70.137 和 203.64.44。

任何一台主機，只能確保將訊息送進網路介質，之後就管不著了。那份訊息就會經過介質複製給區域網路內的每一部主機，他們都會在實體層收到

訊息，轉成數位形式之後交給二樓去檢查訊息的收件 IP 地址。如果收件地址恰好就是他自己的 IP 地址，或者這是一份廣播訊息，那就要拆開封包繼續處理，將它往樓上送；如果收件地址不是自己的 IP 地址，那就不予理會，這份訊息在這部主機內就被捨棄了。

　　以上情況有兩種可能的例外。第一就是竊聽軟體改變了 IP 層的正常行為，使得他把不是送給自己的封包也收下來，並且往上傳送給竊聽軟體。第二是在區域網路之內總得有一部擔當閘道 (*gateway*) 任務的主機或路由器，他同時連接區域網路內部和外部的介質。如果他從內部介質拿到收件 IP 地址不在自己區域網路內的封包 (檢查網路號碼)，就會複製一份，送到外部的網路介質去。反之，如果他從外部介質拿到收件 IP 地址在自己區域網路內的封包，也會複製一份，放進內部的網路介質來。

　　為了限制廣播所及的範圍，順便獲得某些網路管理的便利性，區域網路之內可以利用子網路 (*subnet*) 遮罩 (*mask*) 來劃分子網路。網路遮罩也是一組 32 嗶的資料，當它是 1_b 的時候，意指 IP 地址中相對位置的嗶代表網路號碼；否則代表主機號碼。例如 140.115.25.6 是一個 B 類地址，在沒有遮罩的情況下，140.115 是網路號碼、25.6 是主機號碼。所以在不劃分子網路的情況下，B 類地址的網路遮罩應該是 16 個 1_b 再接著 16 個 0_b，記做 255.255.0.0。

　　但是中央大學區域網路內可能有六萬多部主機，如果每一部主機的廣播訊息都要傳送給其他六萬多部，似乎是頗為浪費。因此我們希望在 140.115 之區域網路內再劃分子網路。如果 140.115.25.6 的子網路遮罩設定成 255.255.255.0

$$\overbrace{\qquad\qquad}^{\text{Network ID}} \quad \overbrace{\qquad}^{\text{Host ID}}$$

IP 地址　　10001100011100110001100100000110　　140.115.25.6
遮罩　　　11111111111111111111111100000000　　255.255.255.0

就相當於指定 IP 地址的前三個字元 (140.115.25) 為網路號碼，而將地址為 140.115.25.x 的主機割成了一個區域網路。這樣設計的遮罩，使得 140.115 區域網路之內可以再劃分至多 256 個子網路，每個子網路至多設定 256 部主機。子網路與子網路之間，仍然需要透過閘道來溝通。

　　同理，A 類和 C 類網路也可以利用遮罩來定義子網路。而且子網路遮罩不必每次設定一整個字元是 1_b，只要用連續的 1_b 來表示網路號碼即可。例如一個 C 類區域網路想要規劃 15 個子網路，則需要從主機號碼挪出 4 個位元當作網路號碼，可以令其遮罩為 255.255.255.240。

6

所謂純文字 (*pure text*) 檔案，就是檔案內之每一個字元，都應以 ASCII 的意義解讀。所以嚴格來說，內含中文字碼、日文字碼或西歐字碼的檔案，都不能算是純文字檔案。但是我們可以稍微放寬定義：只要檔案內只有一種文字的字碼，且與 ASCII 相容，就稱之為純文字檔。否則泛稱為非文字檔 (*binary file*)。例如儲存圖片、音樂或影片的資料檔案，或者是儲存機器指令的可執行檔案，都無可避免地屬於非文字檔。

這一講向讀者介紹純文字檔案，並推薦它們的好處。此外，我們延伸第 5 講的網路安全，介紹一些數學概念。最後介紹 UNIX 的資料流概念，這使得 UNIX 的操作典範迥異於一般讀者熟悉的圖形操作介面。

純文字檔案

文字操作介面可以讓人直接閱讀純文字檔案：作業系統總是會提供基本的工具，讓我們閱讀和修改純文字檔案的內容。相對地，非文字檔必須由特定的應用程式呈現，才能讓人閱讀或觀賞。純文字檔就像白紙黑字，只要有眼睛有光線就能閱讀。而非文字檔就像磁碟片、縮影膠片等等，雖然有較易搜尋、體積較小，但是在沒有對應機器的情況下，都形同廢物。

除了文字操作介面之外，純文字檔幾乎可以被任何應用程式讀取，並重整為該程式所需的特殊檔案格式。所以，純文字檔案是最有效的資訊交換形式。因為純文字檔案很容易開啟和修改，就算它的內容因為傳輸或載體的瑕疵而產生錯誤，也不會完全無法辨識，而仍然可以被人看出來錯誤之所在而設法修復。所以，純文字檔案也是最可靠的資料儲存形式。

1.36

在某些情況下，純文字檔不只是有利而已，而是必需的。例如基本上只有純文字資料可以從一個視窗被剪貼到另一個視窗；程式語言的解讀器和編譯器，都只能接受純文字形式的程式原始碼；網路上許許多多透過電子郵件或網頁所提供的服務，也只能接受純文字資料。

在圖形操作介面中，初學者很容易將非文字檔誤認為是純文字檔。在視窗中可以看到表格、圖片、動畫或者可以聽到聲音的檔案，比較不會錯認：這些檔案都是非文字檔。但是，不要認為凡是在視窗中只有看到文字的檔案，都是純文字檔。例如微軟的文書處理軟體 Word 所輸出的 DOC 檔案格式，雖然在視窗中打開來閱讀的時候，看起來都是文字，卻不是純文字檔案。這是因為

DOC 檔案除了儲存文字的字碼之外，還要儲存諸如字型、顏色、底線、行距等等，這些關於資料的資料。所以 DOC 檔案的含量，比起表面上所儲存的文字內容，要大很多。相對地，純文字檔案只用 ASCII 或相容的字碼儲存資料本身，所以它的檔案含量幾乎恰好等於所儲存的文字內容。

在 MS-Windows 作業系統中，通常可以從副檔名看出一個檔案是否為純文字檔。例如 TXT, LOG 和 BAT 都是常見的純文字檔案之副檔名。但是 UNIX 原本並沒有所謂副檔名的概念，因此建議使用者遵循約定俗成的習慣來為 UNIX 檔案命名，而這些習慣基本上與 MS-Windows 上面的規定相同。

檔案傳輸模式

Ftp 軟體有分文字或非文字傳輸模式。雖然許多 ftp 軟體都可以相當可靠地根據副檔名判別純文字檔或非文字檔，從而自動決定傳輸模式，但是檔案類別之自動判斷，總有其局限性。例如在 MS-Windows 環境中，假設副檔名 DAT 是影音資料檔案，當然就是非文字檔。但是在 UNIX 環境中，許多人假設副檔名 DAT 是數據資料，那就可能是純文字檔。因此讀者還是要增長知識，讓自己能做出更正確的判斷。

非文字傳輸模式就是一五一十的把來源檔案上傳到對方去，一個字元都不差。文字傳輸模式則會自動修訂不同作業系統對於純文字檔案的處理差異。例如各作業系統以不同的 ASCII 碼來當做「折到下一列」的指令：UNIX 以 LF，MS-Windows 以 CR LF，而 Mac OS 以 CR。如果用非文字模式在不同作業系統之間傳送純文字檔案，就可能發生整份文件全部連成一列的狀況。但是，在傳輸之後仍然可能利用編輯器來修正。

至此我們可以瞭解，在螢幕上我們之所以會看到一列一列的文字，乃是因為作業系統或呈現文字的軟體得到一個折列指令之故。不論您在螢幕上看到的文件有多少列，在電腦內部它們總是一個一維的字元序列。以 Big-5 碼為例

A test of

兩列文字

在 UNIX 系統內共有 19 拜，每個字元的十六進制數字依序是

41 20 74 65 73 74 20 6F 66 0A A8 E2 A6 43 A4 E5 A6 72 0A

如果放在 MS-Windows 裡面就有 21 拜，每個字元的十六進制數字依序是

41 20 74 65 73 74 20 6F 66 0D 0A A8 E2 A6 43 A4 E5 A6 72 0D 0A

編碼與解碼

既然純文字檔案在傳輸、交換和保存上，有許多的好處，那麼自然有人會想將非文字檔案轉換成純文字。有許多方法可以達成此目的，通稱爲編碼 (*encode*) 及解碼 (*decode*)。所謂編碼就是將資料，不論是否爲純文字，按照某種規則改編成純文字文件。常見的編碼方法有 UUcode、base64、QP (Quoted-Printable) 和 BinHex。編碼後的文件，最多只用到 94 個 ASCII 字符、空格、跳格和折列指令。解碼即是編碼的逆運算，亦即，從編碼後的文件還原本來的文件。

1.18

　　QP 的原理是不處理 ASCII 字碼 (除了 = 號以外)，而將不屬於 ASCII 的高拜以兩位十六進制數字寫出來，前面冠一個 = 號；而 = 號本身則用 =3D 表示，其中 $3D_h$ 就是 = 號的 ASCII 號碼。例如「乙=么」的五個字碼是 $A4_h$ 41_h $3D_h$ $A4_h$ $5C_h$，其中第一和第四字元爲高拜，但第二和第五字元本來就是 ASCII 字符，所以 QP 編碼成 =A4A=3D=A4\。

　　base64 的原理是將每三個字元的 24 嗶依序切割成四份 6 嗶，那 6 嗶換算成 0–63，再對應到 A–Za–z0–9+/ 這六十四個 ASCII 字符。例如「乙=」的三個字元是 10100100_b 01000001_b 00111101_b，每 6 嗶切成一個數，寫成十進制依序是 41, 4, 4, 61。將 0 對應到 A，則得到 base64 編碼爲 pEE9。

　　按照電子郵件的原始設計，只能傳送嚴格意義的純文字內文，而且沒有附件。因此，含有 Big-5 或 Unicode (utf-8) 碼的郵件內容，理論上都不符合電子郵件的規格。爲了克服這個困難，更要讓電子郵件能夠夾帶非文字檔案之附件，諸如圖片、影音與壓縮檔之類的，現在許多 MUA 會在製造寄出之 e-mail 的時候，自動將內文以 QP 編碼，而將附件 (不論它是不是非文字檔案) 以 base64 編碼。而 MUA 在讀取 e-mail 的時候，則大多會自動解碼。

　　由於近年來網路硬體、作業系統以及電子郵件傳輸協定之國際化發展，已經使得 e-mail 內容可以不必是嚴格的純文字，例如 Big-5 碼的中文就可以直接寫在郵件內文之中。因此，MUA 通常會讓使用者選擇內文需不需要編碼。

加密與解密

雖然編碼之後的文字讓人看不出意義，但是編碼的目的並非保密。對於破解密碼的專家而言，就算不告訴他編碼的規則，他也可以利用專業的知識和工具，輕易地完成解碼。如果我們的目的是保密，讓知道鑰匙 (*key*) 的人可以解開文件，而其他人即使是專家也幾乎不可能解開，那麼我們需要的是密碼

(*cypher*)。相對於編碼,密碼學 (*cryptography*) 是一門需要更多數學的學問。

我們已經知道電腦之中萬般皆是數,因此不難想像製造密碼的程序其實就是數學的演算程序。編製成密碼的演算稱為加密 (*encrypt*),反之稱為解密 (*decrypt*)。加密前的原始資料 (不論它是不是純文字) 稱為明文,加密後的資料稱為密文。

第一種密碼是用不可逆的雜湊 (*hash*) 函數造成,理論上並沒有解密的算法,所以也沒有鑰匙。通常我們用這種密碼來保存通行碼,常見的算法有 MD5 和 SHA-1。例如 m0nk1y 被加密成 d427c0d18c37cfeff0e9d26af2db2e0a。當 ⟶ 1.38 您以用戶名和通行碼進行認證程序,認證的程式根據用戶名,從某個檔案中取得對應的通行碼密文,然後將您輸入的通行碼加密後與密文比對。如果兩者密文一樣,就通過了認證程序。因為雜湊函數並不可逆,所以如果您忘記了通行碼,即使將儲存在檔案中的密文找出來,也無法得知其明文。同理,侵入電腦而竊取通行碼的人,也只能看到密文,理論上無法還原明文,他只能用各種猜測的明文,加密後與密文比對。一旦比對成功,他就猜到了您的通行碼。

第二種密碼用同一支鑰匙加密與解密。所謂鑰匙應該是一個數,但是以類似 base64 的方式轉換,改以純文字形式呈現,所以就是一個字串 (一連串的 ASCII 字符)。既然加解密用的是同樣的鑰匙,當然就需要保密,所以這種密碼稱為密鑰 (*secret-key*) 演算法,常見的算法有 AES,3DES 和 DES (現在已經認為不安全) 等。這種密碼只要很短的鑰匙就能製造頗為可靠的密文,因此使用者可以親自記憶鑰匙;而且它的效率很高,可以在很短的時間內加密或解密很大的檔案。但是如果要將密文傳給別人,則必須將密鑰也傳過去才行,這是最危險也最耗費成本的關鍵問題。

第三種密碼用一對鑰匙:私密金鑰 (*private-key*) 和公開金鑰 (*public-key*)。從私密金鑰 (需要保密) 可以計算出來對應的公開金鑰。理論上無法從公開金鑰反算私密金鑰,所以公開金鑰不需保密,事實上最好散播給全世界知道。這種密碼稱為公鑰 (*public-key*) 演算法,常見的算法有 RSA 和 DSA。用私密金鑰加密的密文,可以用公開金鑰解密,而且理論上只有那把鑰匙可以解密。反之,用公開金鑰加密的密文,則理論上只能用私密金鑰解密。

公鑰演算法在網路上應用得很廣:舉凡通道安全、伺服機認證、數位簽章,也就是第 5 講所列四種網路安全的前三種,都可以用這種密碼達成。以

通道安全為例，發出訊息的這一端，用對方的公開金鑰加密，將密文傳送給對方，對方用自己的私密金鑰解密，獲得明文。這樣，即使傳輸過程中被攔截，因為攔截者並沒有正確的私密金鑰，所以理論上幾乎不可能解密。

公開與私密金鑰都是很大的數，可能大到 2^{1000} 以上 (約 690 位十進制數字)，所以它們的鑰匙都很長，不太可能被人記憶。因此加解密的軟體用類似 base64 的方法將鑰匙轉換成純文字，儲存在檔案內，在需要的時候由軟體代為讀取。但是私密金鑰需要保密，當然不能隨便讓人讀取。所以私密金鑰檔案通常以一種密鑰算法加密，而您自己要記得那個密鑰。

而且公鑰演算法的效率頗差，不論加密或解密都要花費頗長的時間。所以，實際的應用通常是以亂數當作密鑰，用密鑰將檔案加密，以普通的網路傳輸模式將密文送去遠端，再以安全通道將密鑰傳給對方。所以實際被公開與私密金鑰做加密與解密的對象，只有那相當短的密鑰而已；而且每一支密鑰原則上只用一次而不再重複。這時候亂數產生器 (*random number generator*) 就很重要了：它不能讓人猜著產生的順序、也不能在短時間內產生重複的數。

編輯器

只能讀取、儲存純文字檔，被用來輸入、修改純文字內容的軟體，通稱為編輯器 (*editor*)。每種作業系統都會內附一個編輯器。例如 MS-Windows 的記事本和 UNIX 的 vi。編輯器並不限於一種品牌或口味。在每一種作業系統內，都有許多種編輯器可選用。而且，根據純文字檔案的定義，它們全是相容的 (除了折列指令是可能的例外)。所以用任何編輯器製造出來的檔案，都可以被另外一個編輯器閱讀、修改。

編輯器的最基本功能當然就是輸入文字。一般是由鍵盤輸入，但是通常也可以插入其他檔案中的文字。編輯器的操作環境內必定像文字操作介面有一個游標，輸入的文字就出現在游標處，並將游標推到下一格。不論您使用哪種編輯器，都應該先學會基本功能：包括翻頁、插入文字、向前 (游標左邊或上邊) 刪除、向後刪除、搜尋字串和置換字串，然後再深入學習更豐富的編輯功能。

許多不屬於編輯器之軟體，可以輸入純文字檔，然後轉為它自己的特殊非文字檔案格式。例如微軟的 Word 和 Excel 都可以讀取純文字檔，做為它們的輸入資料。也有許多不屬於編輯器之軟體，提供輸出純文字檔的功能。例如微軟的 Word 和 Excel 都可以選擇性地儲存純文字檔。

純文字文件編輯要點

首先介紹英文純文字文件的編輯規則,主要乃是在說明標點符號的基本編輯規則。其實這應屬於英文基本教育的一部分,我們只是在此整理條列。讀者應該盡量在 e-mail 內文、BBS 文章以及一般通訊和記事用的純文字文件中,遵行這些要點。違背編輯要點不見得會讓您的文章詞不達意,但是起碼會降低閱讀的效率,也許還會讓您顯得比較沒有文化素養。

(0) 盡量不要拼錯字或使用錯誤的文法。

(1) 每一列都在左邊對齊,右邊不需對齊。左邊從第一格開始打字即可。也可以為了美觀而一律縮排 (*indent*):一列的第一個字符不從第一格開始。例如您現在讀的這一段就採用了縮排。

(2) 分項條列的文字應該縮排。如果條列之內還有條列,應該再向內縮排。同樣層次的項目,應該有同樣格數的縮排;每次縮排的退縮格數以四格或八格為原則。例如 (2) 和 (3) 等是第一層縮排,3a) 和 3b) 等是第二層縮排。

(3) 英文標點符號之前一律沒有空白 (空格與跳格合稱為空白),而標點符號之後一律要有空白。通常的空白就是一個空格,在一句話結束的標點之後 (包括句點、驚嘆號、問號),可以用兩個空格。除了以下的特別情況。

3a) 開引號 '([{ 之前有空白,之後沒有空白。

3b) " 可做開引號也可做閉引號用,必須成對出現,依其用途決定前後空白的規則。

3c) 古典排版規則要求標點符號出現在閉引號之內,例如 `"Don't bug me," she said, "I bite."` 但是這個規則如今有些動搖。

3d) 連字號是 -。有些複合字本來就有連字號,例如 `G-rated movies are year-round entertainments.` 這些字被當做一個完整的字,不在當中折列。

3e) 說一個數字或時間範圍的時候,用兩個連字號,例如 `find primes in 9--19`、`July 2--6`、`office hours are 9:00--10:50`。

3f) 破折號以三個連字號表示,而且在其前後不加空白 (但是近來也有使用兩個連字號當作破折號的趨勢)。例如 `There is a clear line between courage and stupidity---too bad it is not a fence.`

(4) 只有在可以出現空白的地方才可以折列。因此除了開引號之外,沒有任何

標點符號可以出現在列首，而開引號不得出現在列尾。

(5) 因爲純文字編輯的右邊不需對齊，所以沒有必要將一個英文字用連字號 (hyphen) 拆成兩節，並將第二節移到下一列。若在某一列寫不下一個字，就將它全部寫到下一列。

(6) 段落 (paragraph) 以一個空列結束。連續兩個折列指令造成空列；但如果一列中有空白，雖然看起來是空的，卻不是空列。段落的開始可以縮排，但是不必要。

(7) 引述 (quote) 別人的句子，最好獨立出來，與上下文各隔一個空列，並且在左右兩側都縮排。引述之後若要寫原文出處，通常讓它靠右，並以破折號起始。例如

```
Love:  A temporary insanity curable by marriage
or by removal of the patient from the influences
under which he incurred the disorder.
                        --- The Devil's Dictionary
```

(8) 其他常用的非標點符號：

8a) & 通常當 and 用，此時它的前後各要一個空白。例如 Tom & Jerry

8b) % 通常當百分比用，它與前面的數字組成一個字串，中間不加空白，但是後面要有空白。例如 The earth is 110% full。

8c) $ 和 # 通常當金額、重量或數量用，它與後面的數字組成一個字串，中間不加空白，但是前面要有空白。

含有中文的純文字文件，也是一樣要注意不要寫了別字 (電腦是不會輸入錯字的)。可以選用英文標點符號 (又稱爲半形標點)，也可以選用中文標點符號 (又稱爲全形標點)。如果選用英文標點，理應沿用英文標點之所有規則。如果選用中文標點，則有些人認爲，中文本是方塊字，所以不需遵守英文標點規則。例如他們認爲中文的逗點與句點不妨出現在列首。另一些人認爲，既然中文本無標點，而標點是從西方傳入，則應該沿用其規則。本教材則建議讀者：遵循英文標點之所有規則。

(9) 全形標點符號之字形內已經包含空白，所以在全形標點之前後，都不需再留空白。除了開引號之外，所有標點符號一律不應出現在列首。而中文之開引號有 (「『【〈《〔。

(A) 中文全形文字與半形英文字符之間，加一個空格。但是全形標點與半形英文字符之間，可以不加空格。例如 here 是項目 10。

UNIX 文字工具與資料流

UNIX 的設計哲學之一，就是讓資料與指令分開。盡量地維持資料是純文字檔案，而且只含資料本身。UNIX 的工具軟體 (*utilities*) 都做得小而美：每一份工具只負責一件定義得很清楚的小事情。而 UNIX 將檔案內的資料類比成流水，稱為資料流 (*data stream*)；那麼檔案就像水缸，工具軟體就像過濾器。一般情況下，工具軟體從水缸裡汲水出來，讓它通過濾器，過濾的結果灑在螢幕上。例如 list.txt 裡面放著學生資料，每一列用純文字記著一名學生的學號、姓名、性別等資料。那麼 head -9 list.txt 列出前九名學生的資料，而 tail -3 list.txt 列出倒數三名學生的資料。其中 head 和 tail 是工具軟體的名稱，又稱為指令，而 -9 和 -3 是它們的參數。

UNIX 文字操作介面有資料導管 (*pipe*) 機制，就好像用一根水管把兩個濾器銜接成一串，使得從前一個工具輸出的資料，成為下一個工具的輸入資料。承上例，可以用 head -9 list.txt | tail -1 列出第九名學生的資料。利用導管，我們可以將兩個、三個或更多個工具串在一起，靠著這些工具的串連順序和參數設計，拼湊成性能獨特的新工具。承上例，假如 newlist.txt 是另一份學生資料檔案，則 cat list.txt newlist.txt | sort | uniq -d 將兩份檔案內重複的資料 (交集) 挑出來。

工具軟體並非 UNIX 作業系統的核心，但是長久以來形成一套不成文的標準指令。這些不成文地標準化了的工具軟體，使得不同品牌或版本之間的 UNIX 對使用者而言差別不大。其中有一批工具軟體專門處理純文字檔案，例如 cat, sort, head, tail, grep, cut 和 paste 等，通稱為文字工具。不論您使用哪種口味的 UNIX，都會有這些文字工具，而且它們的用法和參數也幾乎完全相同。

並非所有的工具軟體都可以接上資料流導管。例如 df 並不接受輸入導管 (它的功能是檢查磁碟機容量，似乎也沒必要輸入資料流吧)，但是它可以接上輸出導管。前述文字工具都能接上輸入與輸出導管。

UNIX 的文字工具與操作介面，充分支持以純文字檔案來儲存資料的理念。這種理念已經不是一套技術而已，而是一種處理資訊的專業風格。我們期望讀者在習慣了圖形操作介面之餘，也能學習這種簡潔而有效率的風格。

7 編輯器的功能只是原原本本地以字碼來記錄文字資料內容，它也許可以利用空格和跳格而達到小規模的排版效果，例如文字置中、排列對齊、分段和縮排 (*indent*) 等等。但是這些效果只是為了使文字之間的邏輯關係更為清晰，以致提高閱讀效率，實在稱不上排版 (*typesetting*)。而所謂的排版軟體 (*typesetter*) 應該能夠改變文字的字體或大小，設定列與列之間的距離，控制版面寬度與高度，配上標題、目次、附錄、索引、頁碼和頁眉設計，設定閱讀動線 (例如橫讀或直讀、橫讀又可分為向左或向右讀)，在版面上安插美工或圖像等等。特殊的專業排版軟體，除了提供上述的基本圖文排版功能之外，還要能夠處理專業符號；例如數學方程式、化學鍵結鏈以及各種關係圖表等等。

WYSIWYG vs Markup

排版軟體依其設計，可以粗分為圖形介面套裝軟體與排版語言 (*markup language*) 兩類。前者標榜 WYSIWYG (What You See Is What You Get，唸 wee·zi·wig)，亦即利用選單和按鈕，以及滑鼠的拖曳點選之動作，即可完成排版 (但是文字內容通常還是得要從鍵盤輸入)，而且立即可以在視窗內看到版面效果。Microsoft Word 是最常見的此類軟體，它製造的檔案副檔名為 doc，因此又稱為 DOC 文件。DOC 文件並不是純文字檔案，它包含許多「關於資料的資料」。即使在 DOC 文件內只輸入 Hello world 十一個字元，其檔案含量也會高達一千字元以上。

　　另一類的排版軟體某種排版語言的解讀軟體或編譯軟體。排版語言是特殊用途的電腦語言，不足以成為所謂的「程式語言」。但是排版語言其實已經具備了一些程式語言的要素，我們可以透過排版語言，來初步地認識程式語言。例如，運用排版語言來排版的缺點，就跟學習所有程式語言遇到的問題一樣：

- 需要學習一套語言的指令和語法；
- 另外需要學習一種編輯器來輸入原始碼；
- 不能立即看到結果，必須經過解讀或編譯才會完成排版。

運用排版語言來排版的優點，也就像所有的程式語言提供的優點一樣：

- 提供幾乎無限的可能性與可變性 (侷限於個人的創造力)，而不是 WYSIWYOG (What You See Is What You Only Get)；
- 程式語言壽命頗長，因此寫一遍文件可以保用很長的日子；只要解讀器或

編譯器跟著時代進步，早先的原始碼可能一字不改 (或者少量地修改) 就能
享受新科技的好處；

- 原始碼是純文字檔案，極容易保存、修改，也很容易與人分享、交換。

排版的結果有時候呈現在螢幕上，有時候印在紙上 (hard copy)。這兩種媒材
不甚相同，因此就有不同的軟體來排版。針對螢幕呈現，我們介紹圖形介面的
MS-PowerPoint 和 PDF、HTML 語言；針對書面印刷，我們介紹圖形介面的
MS-Word 和 PostScript、L^AT_EX 語言。建議讀者在圖形介面排版軟體之外，也
學會一種排版語言；您可以把排版語言當作將來學習程式語言的前哨站。

Microsoft Word & PowerPoint

由於最早提供圖形操作介面而且銷售成功的個人電腦是 Apple 的 Macintosh，
讀者不難理解，最早的 WYSIWYG 排版軟體乃是出現在 Mac 上。也許比
較令人驚訝的是，當年那個排版軟體就是 Microsoft Word。在 Microsoft 還
沒有自己的圖形操作介面 (MS-Windows) 之前，Word 當然也就還沒有進入
PC 的世界。前 Windows 時代，風靡於 PC 的「殺手軟體」(Killer App*) 是
WordStar, WordPerfect (排版軟體) 與 Lotus 1-2-3 (試算表)。後來微軟推出自
己的 Windows，就將 Word 和 Excel 移植過來。如今，MS Word 已經實質上
成為圖形介面之文書排版軟體的典範，而 MS Excel 也成為試算表軟體的典
範，其他類似功能的軟體，都與它們相似。

⟶ 2.11

    其實 Microsoft 公司提供的服務並不壞，軟體的品質也不差，整個國際社
會甚至可能因為微軟的軟體而達到世界大同的境界。但是，有另外兩種看法也
值得考慮：

(1) 獨占軟體截斷了別人創新的可能。任何新的軟體設計不可能一出版就完
美，新的創意也需要時間慢慢培養成熟。但是，如 MS Word 這般強勢的
商品，已經使得其他軟體業者幾乎不再可能設計同類型的產品。或許我們
之所以認為 Word 的品質不錯，只是因為沒有另一個可供比較的對象啊。

(2) 獨占軟體降低了變異性。生物多樣性本就是維持物種繁衍的最後防線；

---

    * Killer App 是 Killer Application 的縮寫，這裡「殺手」的意思類似於說
某位女歌星是「少男殺手」的意思。就是指造成硬體設備銷售量大增的應用軟
體。譬如說『PDA 和平板型電腦都還在等待它們的殺手軟體』。

試想，如果所有人的生理組織都一樣，那麼只要突然發生一種快速傳播的致命病毒，就可以在短時間內殺死社區內所有的人類。電腦軟體越來越統一，單一病毒對整個電腦網路所造成的傷害就越來越劇烈。

平心而論，MS Word 的排版功能倒還真是齊全，而且確實是個方便上手的軟體，可以讓人在短時間內完成一份不錯的文件。特別是製作標題、表格、目錄、參考書目，或者安插圖片、數學方程式、非 ASCII 的國際字母 (例如法文字母 ç) 這類較為特殊的動作，都可以在 Word 的功能選單中找到，大大降低了學習的門檻。

大部分的 Word 使用者，都是採用 WYSIWYG 工作模式來排版。這種作法對於短篇的、用過一兩次就可以丟棄的文件來說，是很有效率的。但是，如果您想要排版的是一篇值得長期留存的報導，或是一篇論文，或是一本書，那就值得更進一步地學習 Word 提供的樣式 (*style*)。Word 的樣式提供了接近排版語言的功能，使您可以比較理性地 (而不是憑感覺地) 決定比較大規模的排版設計，也能比較可靠地維持整份文件的一致風格。

PowerPoint 也是一種 WYSIWYG 排版軟體，雖然它也可以將其排版結果印刷在紙張或透明膠片上，但是其主要目標是提供螢幕瀏覽，而不是書面印刷。正因為如此，PowerPoint 比 Word 少了些文字處理的功能，卻多了些即時互動、流動畫面、動畫聲音、自動播放、設計背景圖案或邊框美工的功能。特別是互動功能，提高了示範或講演的效果，可以用來製作教學輔助工具。

Word 有很豐富的排版功能，也很方便使用。我們並不擔心讀者不會用 Word，反而擔心您不慎濫用了它！除了提醒讀者在大型文件上盡量使用樣式而少憑感覺之外，還要特別提醒讀者：永遠不要忘了，純文字也可以非常有效地傳遞訊息。譬如說，如果只是發送一封電子郵件，通知大家來聚會或者傳達管理者的決策，大可以只用純文字寫信，而不必製造 DOC 文件然後在郵件中夾帶檔案。這樣不但浪費網路資源，提高病毒感染機會，也徒增閱讀的障礙，降低了所有人的工作效率！

字型與排版

鉛字排版印刷在西歐已經有五百年歷史，各國語文都發展出來自己的傳統。美國的文字與印刷，基本上繼承了英國的傳統。當美國的計算機學者發展排版軟體與電腦字型的時候，也繼承了這個鉛字排版的傳統。許多人誤認為既然電腦

是全新的科技產品，所以電腦軟體與整個文化與歷史傳統無關，可以另起爐灶。其實不然。不論是書面排版、製作簡報或者設計網頁，都不只是技術問題，還牽涉到專業的編輯素養。那些缺乏人文素養而只因為「技術上可行」就動手去做的科學家或工程師，終將造成危害自己的產品。小至設計一張網頁，大至複製人，都是一樣的道理。

在鉛字排版的時代，字型 (*font*) 是一套大小與風格相同、浮刻在鉛模上的字符。字型的大小以點 (*point*) 做單位，定義為 $\frac{1}{72}$ 英吋。所謂 12pt 字型就是在高度為 12pt 的鉛模上設計出來的字型。在一套字型裡面，英文大寫字母的高度全都一樣，而且深度為零；但是小寫可能有不同的高度和深度 (depth)。所謂高和深，是以一個位於鉛模左側的基準點來分野。

排版的時候，將鉛模的基準點沿著一條基準線 (*base line*) 排列。基準線通常是水平直線，但理論上也可以是任何曲線。版面上兩條基準線之間的距離，原則上是一個常數，稱為列距 (*line space*)。列距當然是和字型的大小有關，如果列距太小，則某些有深度的字就會和下一列的字重疊了。例如採用 10pt 字型時，通常令列距為 12pt，稱為單列距 (*single spacing*)；若列距為 24pt (也就是每一英吋高度內恰好有三列)，則稱為雙列距 (*double spacing*)。這本書採用 12pt 字型，列距原則上定為 19pt。

鉛模沾到油墨印在紙上的形像，稱為字圖 (*glyph*)。字圖不見得在鉛模內頂天立地，所以 12pt 的 H 印出來不見得就是 12pt 那麼高 (也就是 $\frac{1}{6}$ 英吋，約 4.2mm)，通常總是比 12pt 矮一些。同一套字型內的鉛模寬度，通常並不一致 (width)，寬度劃一的字型就稱為等寬字型 (*fixed-width font*)。等寬字型通常 (width) 用在終端機上，或者用來在紙上模擬電腦的輸出、輸入文字。通常在每一套字型內，十個阿拉伯數目字的寬度都一樣。

以前，是由書法家或藝術家設計一種風格的字圖，再由工匠製造成鉛模，然後組成字型。到了電腦時代，則是由某種程式或軟體製造字型。這本書的英文字母採用電腦實心 (*computer concrete*) 風格，是美國史丹福大學 Knuth 教授設計的，也是他寫程式製造的。在西方，每種風格的字圖設計，又可能分成五種字體：正體 (Roman)、斜體 (*Slant*)、花體 (*Italic*)、粗體 (**Boldface**) 和鉛字體 (Typewritter)。其中鉛字體是等寬字型。 3.03

有些軟體會混淆斜體 (*hello*) 和花體 (*hello*) 的定義，這兩種字體是不同

的。按照西方的排版的慣例，文字原本應該用正體，在標題或特別吸引讀者注意的地方用粗體，在強調、或者首度提到某個專有名詞的時候用花體。

中國字的傳統，在書法風格上有篆書、隸書、楷書、行書、草書等，在木刻印刷上有宋體、明體等；直到近代才有所謂硬筆字的標準字體，還有廣告、藝文界使用的種種美工字體。然而，前述種種，對應的是西方印刷術中所謂的「設計風格」，例如楷書是一種風格、明體是一種風格。在中國文化中，同一種風格的字圖又可以細分成幾種字體，例如楷書可以分爲柳體或顏體。但是中國字卻絕對沒有對應西方文字的斜體、花體、粗體與鉛字體。利用電腦技術創造粗體的中國字還看得過去，但是濫用斜體的中國字就顯得不倫不類。

這本書的中國字一般採用明體，在強調、或者首度提到某個專有名詞的時候用楷書，標題採用增粗 2% 的楷書；字型大小都是 12pt。上方的橫批使用 11pt 的隸書。我們還缺某種硬筆字的字型，用來模擬電腦的輸出、輸入文字。

最後要提醒讀者：字型的大小，只有印在紙上的時候才有意義。當字型顯示在監視器上的時候，一方面因爲螢幕的解析度，另方面因爲軟體可以任意縮放字圖，所以看不出來它的眞正大小。

原始碼的解讀與編譯

凡是電腦的一套「語言」，必定提供一套文法、保留字和特殊符號，讓人用以設計程式 (*program*)，也就是一系列指揮電腦工作的程序。程式的內容必須先撰寫成純文字文件，稱爲一個程式的原始碼 (*source code*)。原始碼本身是靜態的文字，並不會產生動作或效果，它需要被解讀 (*interpret*) 或編譯 (*compile*) 才會有動作或效果。

所謂解讀就是由一個稱爲解讀器 (*interpreter*) 的軟體讀取原始碼，由它依照原始碼的指示，代爲執行程式。被解讀的語言，稱爲直譯式語言。例如 HTML 就是直譯式語言，閱讀網頁的瀏覽器就是 HTML 的解讀器，它讀取 HTML 原始碼，將排版的結果顯示出來。

所謂編譯就是由一個稱爲編譯器 (*compiler*) 的軟體讀取原始碼，將之改編成另一種只有 CPU 或者虛擬平台 (**VM**: Virtual Machine) 才看得懂的指令碼 (*object code*)，儲存在另外一個新的檔案裡面。那個新檔案再由作業系統交給 CPU 或者 VM 來實際執行程式。被編譯的語言，稱爲編譯式語言。例如 LATEX 就是編譯式語言，它經由 latex 程式編譯，產生 dvi 格式指令碼檔

案，這個檔案再由 xdvi 或類似的預覽程式將排版結果呈現在螢幕上，或者由
dvips 或類似的轉碼程式將排版結果送去印刷。

直譯式或透過虛擬平台執行的編譯式語言，有跨平台的好處。例如同一份
dvi 檔案，不論被傳送到哪裡，只要有適當的預覽和轉碼程式，就能在不同廠
牌的螢幕和印表機上，呈現幾乎一樣的排版效果。

網路教材中常見的 Java 軟體，是用 Java 語言撰寫原始碼。Java 也是一種
虛擬平台的編譯式語言，它的 VM 就是網路教材中請讀者安裝的 JRE。只要
有 JRE 就能執行 Java 指令碼，因此同一個 Java 指令碼應該能在不同廠牌的
電腦和作業系統內執行。

PostScript & PDF

PostScript 是 Adobe (唸 a·doo′bi) 公司擁有版權的排版語言，它的解讀器燒製
成 ROM，賣給硬體廠商安裝在雷射印刷機裡面。它按照 PostScript 原始碼的
指示，操縱雷射印刷機在紙上描繪文字或圖像。

PostScript 的原始碼檔案通常以 ps 作為副檔名。它是頗為低階的語言，
直覺上不容易看得懂。例如以下這段 PostScript 程式

```
!userdict begin /bop-hook {
    gsave 275 180 translate 65 rotate
    /Times-Roman findfont 144 scalefont setfont
    0 0 moveto 0.7 setgray (BCC16) show grestore
} def end
```

指揮印刷機將基準線移到從 $(275, 180)$ 這一點開始、夾角為 65° 的直線上 (坐
標的單位是 pt，原點在紙張的左下角)，選擇 Times 風格之正體字型 (這是
PostScript 解讀器內含的字型之一)，放大到 144pt，以 30% 濃度的灰色印刷
BCC16 這個五個字元。

PostScript 在市場上已經是高品質雷射印刷機的標準語言；有安裝 PostScript
解讀器的印刷機都比較昂貴。有人在不侵犯 Adobe 公司智慧財產權的情況下出
版了另一個 PostScript 解讀器，稱為 GhostScript。這個軟體可以安裝在電腦
硬碟上面 (而不是印刷機裡面)，由它來解讀 PostScript 原始碼，再轉送給一般
(比較便宜) 的印刷機來列印。後來又有人出版 Ghostview (又稱為 GSview)，
它利用 GhostScript 解讀 PostScript 原始碼，將排版的結果輸出在監視器上，
使人可以不必列印而直接在螢幕上閱讀，或稱為預覽 (*preview*)。

WWW 風行之後，Adobe 修改 PostScript 而推出可攜文件格式 (PDF: Portable Document Format)，它的解讀器 Acrobat Reader 可以是一個獨立的視窗軟體，也可以嵌入瀏覽器執行。PDF 文件提供網頁的超連結功能，但是它的排版品質遠超過一般網頁，而且其內容又能被搜尋引擎找到。Acrobat Reader 可以讓人預覽 PDF 文件，也能將其印刷在紙上。可惜為了提高網路傳輸效率，PDF 文件不再是純文字檔案。

HTML

HTML (HyperText Markup Language) 是超文排版語言。所謂超文，就是在文字或圖片造成的「超連結」點一下，就會連結到其他文件的文件。HTML 是最常用來撰寫網頁的排版語言，但是網頁卻不是只能用 HTML 來寫。

所有排版語言的共同問題就是：被排版的對象是文字，排版的指令也是文字！因此，排版語言都必須提供某種標記 (*markup*)，讓解讀器或編譯器能夠分辨：哪些文字是被排版的對象，哪些文字是排版的指令。HTML 的標記就是以 < 和 > 夾成的尖括號。所以，< 和 > 符號就具備了特殊的意義，它們是保留字元 (*reserved character*)。HTML 還有另外兩個保留字元：" (雙引號) 和 & (ampersand)。

既然保留字元被用來下達排版指令，它們自己就不能直接被排版。所有電腦語言都提供跳脫字元 (*escape character*) 來輸出保留字元，使它們可以被印出來。HTML 的跳脫字元是 &，可見跳脫字元本身也是一個保留字元。例如 HTML 用 < 輸出 <，用 & 輸出 &。

所有電腦語言也都提供註解 (*comment*) 語法，使得解讀器或編譯器忽略那些文字，所以註解是寫給人看的，通常記錄一些設計程式的想法或觀念，或者暫時取消一部分的原始碼。例如 HTML <!--把註解寫在這裡面-->。

HTML 的設計原則是以一層套著一層的排版環境組成，每個環境以一個寫在尖括號裡面的指令開始，該指令稱為標籤 (*tag*)，而以另一個標籤結束；例如 <BODY> 是一個開始標籤，</BODY> 是其結束標籤。因為網頁的讀者在網路的彼端，所以網頁的作者不可能預先知道讀者的螢幕解析度、瀏覽器版本、瀏覽視窗的寬度、安裝了哪些字型。由此可見，在 HTML 文件中做任何硬性版面設計，例如規定版面寬度、指定特殊字型等等，很可能是徒勞無功的。HTML 的作者應該按照文字內容的結構：或標題或段落或圖片或表格或引述或

1.23

編號條列或項目條列或提示條列,將文字放在適當的 HTML 排版環境標籤裡面,由讀者那端的瀏覽器來決定最合適的排版效果。

市場上有製作網頁的工具軟體,主要的商品有 Microsoft Frontpage 和 MacroMedia Dreamweaver。但是,除去美工圖片之外,網頁其實是 HTML 的原始碼檔案,只要用普通的編輯器即可完成。所有 BCC16 線上教材的網頁確實是這樣完成的。網頁製作工具雖然可以降低學習門檻,但是在不明原理的情況下就倚賴工具,將來會得不償失。所以我們勸告想要創作網頁的讀者:學習 HTML,掌握了基本的語法之後再用工具。

LᴬTEX

LᴬTEX 是數學專業排版語言,它可以用來排版像

$$e^{i\pi} + 1 = 0 \qquad \text{或者} \qquad \int_0^\infty e^{-x^2}\, dx = \frac{\sqrt{\pi}}{2}$$

這樣的數學式。TEX 是 Knuth 的作品,他的創作動機就是要一個「完美的」數學排版軟體。TEX 其實是大寫的希臘字母 $\tau\epsilon\chi$,意思就是 text,唸 tekhh,也就是在發音 tek 之後再輕呵一口氣出來。

TEX 提供一套大約 300 個核心指令,它們是最精簡的排版指令集。如果直接使用這 300 個指令來排版,固然可以辦到,卻失之繁瑣。因此 Knuth 建議程式設計師利用 TEX 的核心指令來設計較為方便的巨集 (*macro*) 指令。如果設計了一大套功能完整的巨集指令,就夠資格從 TEX 核心衍生出獨特的系統。Knuth 示範了一個風格比較簡潔的系統,稱為 plain TEX。如今所謂的 TEX 經常又特指 plain TEX。 Lamport 寫了另一個風格有點像 HTML 的系統,稱為 LᴬTEX (唸 'lei·tekhh 或 la'tekhh),入門較為容易,是現在最普及的 TEX 系統。

在臺灣、中國和歐洲,有許多人研發可以用來做中文排版的 TEX 系統,其中包括陳弘毅教授的 χTEX (唸 'kai·tekhh) 和 χLᴬTEX。您眼前這本書的所有排版,包括橫批和兩側的擴編箭頭,全都是用 χTEX 寫的。

TEX 是一個豐富的排版語言,它的附隨資料和輔佐軟體,形成一個相當龐大而關係複雜的結構,經常會讓初學者望而生畏。還好,不是每個人都需要學 TEX。除了數學學者最好能用 TEX (及其衍生系統) 來排版專業文章之外,所有理工類書籍或文章,只要有數學方程式,就值得用 TEX 去寫。

8

當初設計電子計算機的時候，秉承歷史的任務，只想到要用它來執行數值計算，或者充其量說是處理數字資料。大約十年之後，為了要實現高階程式語言的理想，電腦開始可以處理 (英文) 文字資料。大約再過十年，為了連接分散各地的研究和管理人員，電腦開始交換文字資料；也就是說，電腦開始成為通訊器材。

1.13

通訊器材和通訊網路的發展，至少和計算工具的發展同樣久遠。而通訊器材，甚至比計算工具更早被電子化。1840 年代開始了 (有線) 電報網路，並且在極短的時間內佈滿了西歐、北非和北美大陸。其蔓延速度之快，並不遜於二十世紀末的電腦網路。配合電報網路，文字已經被數位化了。例如摩斯碼 (Morse code) 便是以長音和短音的排列，作為英文字母的電報碼。將長音解釋作 1、短音解釋作 0，摩斯碼就是一種數位文字。

儘管通訊和計算的工具分別被電子化，但是在 1960 年代以前，這兩條文明的發展路線未曾相交。當它們一旦交會於電腦網路之上，所謂的電子計算機便迅速地將所有的傳統媒體形式熔於一爐：包括了文字、聲音、影像、動畫和影片，稱為多媒體 (*multimedia*)。此外還提供即時性與自動化能力，使得電腦成為集資訊之整合、儲存、處理和傳輸功能於一身的超級媒體。時至今日，大多數人都是透過媒體這個角色而首度接觸電子計算機的。

計算機的媒體角色，著實在二十世紀末為我們開啟了看似有無窮可能的創造空間。但是它同時也在人際關係、法律、教育、交易、價值觀和認同感等等方面，帶來各種令人措手不及的新問題；這些是非常有趣而且切身的社會問題，但卻當然不是這本書該談的問題。我們用 8, 9 兩講來介紹構成多媒體資料的技術性基礎：數位圖像和聲音。這一講就從圖像、顏色和成像方式說起。

點陣字型

電子計算機所呈現的所有物件，不論對我們而言是文字、數字、表格、圖畫還是影片，總歸都是數位圖像 (*digital graphics*)，或者又稱為電腦圖像 (*computer graphics*)。它們的原理都是將不同顏色的小點聚集在一起呈現，因為它們聚得很密，所以唬弄了我們的大腦，讓我們從視覺印象中得到某種意義，以為看到了文字或圖像。這種小點稱為像素 (*pixel*)，就是數位圖像的最基本元素，每個像素只有一個顏色，在像素之內並無顏色變化。

以一個 8×16 像素的字圖為例。為了方便在紙上印刷，就假設每個像素只

有 (白) 底 (黑) 面兩種顏色。當這些像素聚集成像，我們便看到某個圖騰，進而獲得某種意義。例如下面左邊的字圖，讀者應該會認為那是一個 G 字母。在抽象概念上，數位圖像可以用矩陣來表達。矩陣中的元素就代表像素。

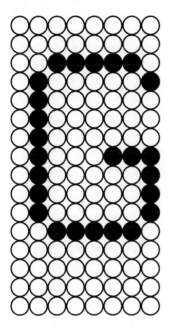

$$\begin{pmatrix} 0 & 0 & 0 & 0 & 0 & 0 & 0 & 0 \\ 0 & 0 & 0 & 0 & 0 & 0 & 0 & 0 \\ 0 & 0 & 1 & 1 & 1 & 1 & 1 & 0 \\ 0 & 1 & 0 & 0 & 0 & 0 & 0 & 1 \\ 0 & 1 & 0 & 0 & 0 & 0 & 0 & 0 \\ 0 & 1 & 0 & 0 & 0 & 0 & 0 & 0 \\ 0 & 1 & 0 & 0 & 0 & 0 & 0 & 0 \\ 0 & 1 & 0 & 0 & 0 & 1 & 1 & 1 \\ 0 & 1 & 0 & 0 & 0 & 0 & 0 & 1 \\ 0 & 1 & 0 & 0 & 0 & 0 & 0 & 1 \\ 0 & 1 & 0 & 0 & 0 & 0 & 0 & 1 \\ 0 & 0 & 1 & 1 & 1 & 1 & 1 & 0 \\ 0 & 0 & 0 & 0 & 0 & 0 & 0 & 0 \\ 0 & 0 & 0 & 0 & 0 & 0 & 0 & 0 \\ 0 & 0 & 0 & 0 & 0 & 0 & 0 & 0 \\ 0 & 0 & 0 & 0 & 0 & 0 & 0 & 0 \end{pmatrix}$$

以左邊那個 G 字圖為例，假設 0 代表底色、1 代表面色，則右邊的 16×8 像素矩陣就可以記錄或表達左邊的 8×16 圖像。

字型提供實際的資料給電腦 (其實是給作業系統)，使得她可以在監視器上呈現字符。因此字型必須將字圖以電子資料的形式，儲存在電腦裡面。以前面那個 G 字圖的像素矩陣為例，因為每個元素不是 0 就是 1，可以用一個位元來記錄一個元素。則一個 8×16 的字圖需要 128 嗶來記錄。若將前述矩陣中的數值看成二進制數字，從上到下一列接著一列可以寫成一串 128 個二進制數字，就是 G 的 8×16 字圖資料。這些資料，以十六進制數字表示就是：

00003E4140404047414141413E00000000

這種以像素矩陣來記錄的圖像，稱為點陣圖 (*bitmap*)。

如果字型中的字圖是點陣圖，則稱之為點陣字型。原則上一個字型以一個檔案來儲存字圖的資料，稱為字型檔。但是並非絕對如此。例如 Big-5 碼或 Unicode 碼的字型，因為資料繁多，有時候會將一個字型分成幾個檔案來儲存。字型檔多半儲存在磁碟機裡面，稱為軟體字型。但是也有些最基本的字

型，儲存在 ROM 內，稱爲硬體字型。當您剛打開電腦的電源，在作業系統和操作介面尚未開始運作之前所看到的訊息，例如檢查記憶體或是警告周邊設備錯誤的訊息，都是由硬體字型顯示的。

色彩原理

牛頓發現三原色光是紅綠藍 (**RGB**: *Red, Green, Blue*)。三種光都不亮，我們就看到黑色；若三種光都以同等亮度重疊在一起，我們就看到灰色，而亮度都達到飽和的時候就呈現白色。如果我們以 x-y-z 三維直角坐標系統代表 RGB 各自的強度，則此坐標系統的第一象限就定義了色彩空間 (*color space*)。在這個空間中的一個點 (x, y, z) 就代表一個顏色，而 $\sqrt{x^2 + y^2 + z^2}$ 就是它的亮度。例如原點 $(0, 0, 0)$ 是黑色，三個坐標軸上是各種亮度的三原色，在 $x = y = z$ 的直線上是不同亮度的灰色。

正如同三維空間除了 x-y-z 直角坐標之外，還有其他的坐標系統 (例如 r-θ-z 圓柱坐標)，色彩空間也是除了 RGB 坐標之外，還有其他坐標系統。RGB 可能符合光學工程師的需求，但 **HSV** (*Hue, Saturation, Value*) 可能是藝術家比較喜歡的坐標；它以顏色 (H)、飽合 (S) 和明暗 (V) 來描述色彩空間，符合藝術家作畫的經驗和技巧。

此外還有以顏料爲主角的坐標系統。顏料本身並不發光，它靠著吸收一部分頻率的光來反射出顏色。例如一種能夠完全吸收紅色光與藍色光的顏料，就會反射出綠色光，而成爲綠色顏料。因此，我們定義顏料的三原色是非紅 (吸收紅光)：反射綠與藍光，呈現青藍 (cyan)；非綠：反射紅與藍光，呈現紫紅 (magenta)；與非藍：反射紅與綠光，呈現黃色 (yellow)。合稱爲 **CMY**。

RGB、HSV、CMY 都可以成爲色彩空間的坐標系統。亦即，同樣的一個顏色，或者說色彩空間中同樣的一個點，在 RGB 系統中的坐標值 (r, g, b) 和在 CMY 系統中的坐標值 (c, m, y) 並不相同。從 (r, g, b) 換算到 (c, m, y) 的計算稱爲坐標變換 (反之亦然)。理論上，坐標變換是線性映射，所以找得到一個 3×3 矩陣，將 RGB 坐標映射到 CMY 坐標或是 HSV 坐標。

自己會發光的輸出裝置，多半遵循 RGB 坐標來產生色彩。但是彩色印刷機就不僅僅遵循 CMY 坐標而已，它們通常還要增加幾種額外的顏料。最常見的就是增加黑色 (black)，因此成爲 CMYK 系統*。這樣做的明顯原因，是爲

---

* CMYK 四種顏色是線性相關的，因此在數學上不可能成爲「基底」。一個

了節省顏料：在白紙上列印黑字的時候，不需要使用 CMY 三種顏料來合成黑色。更深入的原因是，雖然理論上 CMY 就能合成黑色，但是工業技術卻辦不到，因此需要另配黑色顏料。有些彩色印刷機還配備了更多的額外顏料，讓印刷的品質更加亮麗或接近沖洗相片的水準。

彩色數位圖像

數位圖像中的每個像素，只能從預先設定的 k 種顏色當中，挑選一種顏色。例如字圖的每個像素只有兩種選擇，就是 $k = 2$。為了配合計算機的二進位設計，通常我們選擇 $k = 2^d$，而 d 是個正整數。$d = \log_2 k$ 稱為色層深度 (color depth)。常見的深度有 1、4、8、16、24 等。深度越深，表示將人類可見光譜切割得越細、色彩變化越細膩、在色彩空間中可以取得的點數越多，但是也表示數位圖像的資料量越大。

　　雖然色彩空間中有連續變化的無窮多種顏色，但是人眼並不能分辨非常細微的顏色差異。因此，從不亮到一般人能夠接受的最大亮度之間，只要分割出有限的幾種亮度即可。現在常見的規格，是將每個原色光分為 255 段不同亮度，令 0 是不亮，1, 2, 3, ... 漸次增強到 255 最亮。因為 RGB 三個坐標軸上各有 256 個節點，所以在色彩空間內決定了具有 256^3 個點的離散色彩空間。也就是說，離散色彩空間具有大約一千七百萬 (16,777,216) 種不同顏色。其中一百四十種被認為是網頁設計中常用到的顏色，因此有命名並定義它們的坐標值。例如珊瑚色 (coral) 定義為 (255, 127, 80)。

5.08

　　雖然顏色的名字和 RGB 坐標值有了嚴格的定義，但實際上電腦是透過輸出裝置 (output device) 產生色彩。例如陰極射線監視器、液晶監視器、投影機、彩色印刷機都是輸出裝置。不同品牌、甚至於不同設定的裝置，都不見得會將理論上的同樣顏色呈現出視覺上的同樣效果。這就是為什麼數位藝術家總是需要利用特殊的工具軟體，來仔細調校輸出裝置，使它們在視覺上有一致的效果。而一般人實在沒必要在顏色上錙銖必較。

　　當數位圖像的色層深度是 4 或 8，稱之為 16 色圖或 256 色圖。小型的圖標經常使用 16 色圖，而網路上最常流通的數位圖像是 256 色圖。每張 16 色圖

───────────────

適當的數學名詞是框架 (frame)，但是我們也不打算在數學上咬文嚼字，所以就含糊地說是「系統」吧。

或 256 色圖都伴隨一份自己的色盤 (*colormap*)。色盤中的顏色個數，以 16 或 256 爲上限而可以不足。一個 k 色色盤在概念上就是一張 k 列表格，每一列以 RGB 坐標記錄離散色彩空間中的一個顏色。而這種圖像的像素矩陣並不記錄顏色的坐標，而是記錄色盤上從 0 到 k − 1 的編號。

1.20

通常色盤上的顏色是按照顏色的亮度排序，從暗排到亮。這使得彩色圖像很容易轉換成灰階 (*gray scale*) 圖像。所謂灰階就是不同亮度的灰色。俗稱的黑白圖片，其實是灰階圖片。灰階通常分爲 16 階、64 階或 256 階。對任何一個整數 $0 \leq s \leq 255$，(s, s, s) 就是亮度爲 s 的灰色。當 $s = 0, 17, 34, \ldots, 255$ 時，定義了 16 階的灰色；當 $s = 0, 1, 2, \ldots, 255$ 時，定義了 256 階的灰色。

當數位圖像的色層深度是 15 或 16，商業上稱爲高彩 (*high color*) 圖。當數位圖像的色層深度是 24，則離散色彩空間中的所有顏色都可能用得上，故商業上稱爲全彩 (*full color*) 圖。但是這些名詞都是商業或廣告用語，未必有一個固定的意義。高彩或全彩圖的顏色很多，所以不另外定義色盤，而是直接將顏色的 RGB 坐標以兩個字元或三個字元，記錄在像素矩陣之中。所謂全彩圖只是說每個像素可以有大約一千七百萬種顏色的選擇，並不是說整張圖出現了一千七百萬種顏色。例如用數位相機拍攝一張八百萬像素的照片，就算每個像素的顏色都不一樣，整張照片也不過出現了八百萬種顏色而已。

圖像檔案

數位圖像總是要儲存在電腦檔案裡面，通稱爲圖像檔案。圖像檔案的內容，主要就是像素矩陣，對於 16 或 256 色圖還要儲存其色盤。由前面點陣字型可以寫成十六進制數字的例子，或是可以利用 base64 做編碼的技術來看，我們知道還是可能用純文字檔案來儲存圖像。只是這樣做的資料量太大，所以通常還是用非文字檔案來儲存圖像。

圖像檔案各有它所能接受的圖像大小、色層深度、壓縮方式、像素和色盤的排列方式等等不同特性，通稱爲它的檔案格式。理論上，如果色層深度是 d，則每個像素需要 d 個位元來記錄顏色。所以一張 $n \times m$ 像素的圖像，資料含量就是 mnd 哩。例如一張四百萬像素的全彩數位照片，其資料含量就是 $4,000,000 \times 24 = 96,000,000$ bits $\approx 11,719$ KB ≈ 11 MB。而一張 300×200 之 256 色圖，連同色盤的資料含量大約是 60,768 bytes ≈ 59 KB。實際上，檔案中免不了要儲存其他輔助資料，所以檔案含量通常會比理論上的圖像資料含

量稍大一點。但是如果圖像檔案以某種方法壓縮了像素矩陣,則檔案含量當然
會小於理論上的圖像資料含量。

　　以下簡介幾個常見的圖像檔案格式。BMP (Microsoft Windows Bitmap)
接受 1, 4, 8, 24 三種色層深度,有壓縮或不壓縮兩種選擇;但是最好還是不壓
為妙。GIF (Graphics Interchange Format) 接受 1–8 的色層深度,但通常所見
的是 8,亦即 256 色圖。GIF 採用效率很高的 LZW 壓縮算法,但是因為某企
業擁有 LZW 的專利,而且不打算開放出來,就有些人另起爐灶研發一種符
合公開軟體精神的壓縮算法與圖像檔案格式,那就是 PNG (Portable Network
Graphics)。PNG 除了與 GIF 相容之外,還提供稍微多一點的功能。

　　PNG 和 GIF 都提供了「透明」色。這其實不是一種色彩,而是一種記
號。數位圖像總要經由秀圖軟體才能呈現在輸出裝置上。當兩張圖要「重疊」
呈現的時候,正常來說軟體應該要呈現上面那張的像素;如果像素是一個透明
記號,而且軟體認得這個記號的話,就會呈現下面那張的像素。這樣就造成了
上面那張圖的透明效果。所以除了製圖者要在圖檔內設計透明記號之外,秀圖
軟體也要能夠配合才能表現出透明效果。

　　高彩或全彩圖像,通常用 TIFF (Tag Image File Format) 或 JPEG (Joint
Photographic Experts Group) 檔案格式來儲存。TIFF 可能是最有彈性的檔案
格式,它提供許多種壓縮或排列資料的組合。JPEG 提供一套針對像素數很大
而且色彩數很多的圖像特別有效的壓縮算法,而且容許使用者視需要來決定壓
縮比。GIF 和 JPEG 是目前網路上最常見的圖像檔案格式。

　　GIF/PNG 的壓縮比不可調整,而且通常比 JPEG 的低。但是這並不表
示 GIF/PNG 的壓縮算法比 JPEG 的效率低,而是它們各有擅場。原則上,
GIF/PNG 適合用在較小 (例如 400 × 300) 或色彩較少 (例如 256 色圖) 的圖像
上,也適合用在主要以曲線線條或文字構成的人造圖案上 (例如關係圖表或美
工設計圖)。而 JPEG 適合用在大尺寸且高彩或全彩的自然影像上 (例如以數位
相機拍攝的照片)。

製圖軟體

最原始的圖像製作軟體,稱為點陣編輯器 (*bitmap editor*)。您可以用它來一
一決定每一個像素的顏色。對於字型或圖標的設計工作而言,這或許是合適的
工具,但是若要用它製作超過四萬像素的圖像,就未免太瘋狂了。

　　平面數位圖像依其畫面性質，可以粗分爲測繪 (*plot*)、圖畫 (*painting* 或 *drawing*) 和影像 (*image*)。測繪是按照計算所得或是觀測所得的數據來製圖；例如表現統計結果的圓餅圖或長條圖、表現股市價格的折線圖、表現對應關係的函數曲線圖，都是常見的測繪圖像。測繪軟體通常被整合在試算表、統計計算或科學計算的軟體之內，例如 Excel、S-Plus、Matlab 和 Maple。

　　圖畫就相當於我們自幼在美術課裡面學習的繪畫。製作圖畫的軟體常稱爲繪圖軟體，例如 CorelDraw 和 Painter。除了提供調色、上色與繪製線條的軟體功能之外，它們也利用光筆、壓力板或其他周邊設備，模擬各種筆觸，諸如鉛筆、水彩筆、油彩刮刀與噴槍等等，協助數位藝術家創造數位圖畫。

　　影像則是拍攝實景所得的數位照片。我們利用數位相機、數位錄影機或掃描機取得原始影像，再運用影像處理軟體，例如 GIMP、PhotoShop 和 PhotoImpact，來調整其亮度、色調和對比，或是做擷取和剪貼等後製工作。

　　不論圖畫、影像還是測繪都可以製造立體效果 (3D effect)。我們明白螢幕或印刷機其實本質上都是平面的，所以沒有眞正的立體輸出。所謂立體效果都是設定一種假想的光源，然後以複雜的數學方法詳實地計算光源所造成的陰影，再配合平面上的比例與透視效果所造成的立體視覺假象。具備這種計算能力的繪圖軟體能夠用來繪製物體的立體模型，通常也提供了製作動畫的功能，例如 3D Studio Max 和 Maya。

　　圖畫、影像與測繪三種圖像，本質上都是一樣的數位圖像，因此可以很方便地運用想像力將它們融合與互補，於是爲藝術家開啓了全新的創作天地。而我們更要特別強調的是，圖畫和影像的融合藝術，早在電腦時代之前就已經有了，只是在電腦軟體中進行得更方便而已。眞正因爲電子計算機之發明而產生的新藝術形式可能性，是『測繪』。

<!-- 4.11 (margin note) -->

輸出裝置

監視器、投影機和印刷機等周邊設備是最常見的輸出裝置。它們的任務都是將像素所代表的顏色呈現出來，唬弄我們的大腦，讓我們從視覺印象中得到某種意義，以爲看到了文字或圖像。

　　監視器的成像方式，在技術上主要有陰極射線、液晶和電漿這幾種，將圖像呈現於屏幕上。而投影機則是以強光透射液晶板或是經由鏡面反射，將圖像呈現於螢幕上。不論如何，這類裝置每一幕可以顯示固定列數、每一列可以顯

示固定個數的光點 (*screen dot*)，而每一個光點的大小和每兩個相鄰光點的距離，原則上也都固定。如果一個監視器每列有 800 個光點、每幕有 600 列，我們說它的光點數是 800×600。早期的監視器只能有一種固定的光點數，如今，監視器多半可以配合顯示卡 (*video adapter*) 調整幾種不同的光點數，常用的有 800×600、1024×768 和 1280×1024。印刷機的成像原理也和監視器類似，只是把光點換成了色點 (*dot*)，把屏幕換成了紙張。造成色點的技術主要有雷射、噴墨和撞針三種。

　　數位圖像在輸出裝置上的成像方式，就是將像素對應到光點或色點。原則上像素與光點或色點應該一一對應，但是未必永遠如此，作業系統或秀圖軟體可能會縮小或放大圖像。

　　因為監視器屏幕的寬和高是固定的，所以它的光點數越多，每個光點就越小，或者說解析度 (*resolution*) 就越大。解析度的常用單位是每英吋點數 (**dpi**: *dots per inch*)。一英吋是 25.4mm，所以光點直徑是 0.25mm 的監視器，解析度大約是 100dpi。雷射印刷機的常見解析度是 300dpi，此時的色點直徑大約是 0.085mm。由此可見，圖像呈現的大小和輸出裝置的解析度有關。如果像素和光點或色點一一對應，那麼呈現在解析度越高的輸出裝置上，圖像看起來就越小。

　　電腦的輸出畫面只管寫到影像暫存佇列裡面；通常就是顯示卡裡面的影像記憶體 (**VRAM**: *Video RAM*)。VRAM 必須有足夠的容量，用來儲存每個光點的顏色。例如一個監視器有 1024×768 光點，則 VRAM 必須有 786,432 個位置來儲存這些光點的顏色。如果監視器設定的色層深度是 8 (256 色)，則每個光點需要 1 拜，總共需要大約 768KB 的 VRAM；如果監視器設定的色層深度是 24 (全彩)，則每個光點需要 3 拜，總共需要大約 $2\frac{1}{4}$MB 的 VRAM。由此可見，對於一個 VRAM 容量固定的顯示卡，如果想提高監視器的解析度，可能就得降低色彩數；如果想提高色彩數，可能就得降低解析度。 4.15

　　現代工作場所中的印刷機，若不是本身具備網路功能 (於是它本身有一個 IP 地址)，就是以專用電纜連接於某台主機的平行埠 (*parallel port*) 再透過某種網路分享軟體，成為共用的周邊設備。為了保護資源與使用者付費之類的理由，區域網路中通常會有一套針對網路印刷服務的認證與授權機制。印刷機變得越來越快速而方便，也使得紙張的浪費情況越來越嚴重。我們呼籲讀者重視列印『倫理』：請務必先預覽 (*preview*) 確定無誤之後，才列印。 4.09

9

這一講繼續介紹電子計算機擔任媒體角色的基礎概念。數位圖像和數位音訊 (*digital audio*) 構成電腦多媒體資料的核心元素。我們從類比音訊講到數位音訊，之後簡略地介紹數位視訊；這些就是現階段所謂的多媒體資訊了。我們知道多媒體的資料量都很大，於是就引發了後續三個話題：數位資料的壓縮，描述型圖像與音訊格式，以及承載大量資料的光學載體。礙於篇幅及預設的學習目標，這些知識都只能簡略帶過，期望提供讀者一個清晰的輪廓而已。

類比與數位訊號

人的耳朵接受到頻率大約介於 2–22,000Hz (Hertz，每秒週期數) 的振動，便感覺聽到了聲音。聲音通常以空氣為媒介，發聲體振動空氣形成縱波，稱為聲波，將聲音傳到我們的耳朵。在一個固定點測量並記錄空氣的壓力變化，令 t 代表時間，p 代表壓力，則一段聲音就是一個連續函數 p = f(t)。讀者可以想像聲波是函數 p = f(t) 在坐標平面上對應的圖形 (以 t 為橫軸、p 為縱軸)：那是一條連續不斷的曲線，稱為聲音的類比訊號 (*analogue signal*)。

舉例來說，若 t 的單位是秒，則 $\sin 2\pi t$ 是 1Hz 的振動，而 $\sin 880\pi t$ 是 440Hz 的振動。我們可以聽到 440Hz 的聲音，但是那極為單調無趣。有線電話聽筒中傳來等待撥號的嗚嗚聲，差不多就是這種簡單振動的聲音。自然界中幾乎沒有這麼單調的聲音；不論是生物還是樂器發出的聲音，都是許許多多頻率的振動混合在一起的結果。交響樂當然混合了許多頻率的聲音，但是即使單一樂器也是如此：發出一個最主要的頻率，再配上許多其他頻率；正因為如此，我們才能分辨同樣音高的鋼琴聲或是小提琴聲。所謂一段音訊的頻譜圖 (*spectrum graph*) 就是要顯示這段聲音在不同時間含有哪些不同頻率的振動，這是做音訊處理的一項基本工具。

以前的聲音媒體，都記錄了類比訊號。例如唱片以刻在溝槽中高低起伏的紋路，錄音帶以夾在磁帶內疏密不同的磁粉，將類比訊號記錄下來。而唱頭和磁頭分別將唱片或錄音帶記錄的類比訊號轉換成連續的電波，這微弱的電波通過擴大機產生夠大的能量，用以推動揚聲器 (俗稱喇叭) 的音盆，前後振動的音盆在空氣中造成縱波，就這樣將類比訊號轉換成聲波傳到耳朵。

相對於類比訊號的數位訊號 (*digital signal*)，不再是一個連續函數，而是一個接著一個的整數。光碟唱片和所有透過電腦傳輸與播放的音樂檔案，都記

錄了數位訊號。所謂的數位廣播和現在通用的行動電話，也都傳遞數位訊號。但是聲波本來就是連續的，所以數位訊號必定是由類比訊號經過 AD (*analogue to digital*) 轉換而來。反之，耳朵也只能聽到類比訊號，所以數位訊號在播放之前必須經過反向的 DA (*digital to analogue*) 轉換，然後經過傳統的擴大機與揚聲器將類比訊號轉換成聲波。光碟唱盤 (CD player)、電腦中的音效卡 (*audio adapter*)、行動電話，都是內含 DA 轉換的電子器材。音效卡輸出的是代表類比訊號的微弱電波，我們常看到音效卡直接輸出到揚聲器，那是因為電腦周邊使用的揚聲器都內附擴大機。

取樣頻率與解析度

每隔一小段時間，從類比訊號 f(t) 取一個函數值，稱為取樣 (*sampling*)。取出來的函數值，稱為一個樣本 (*sample*)。通常每隔一段固定的時間 Δt (唸 delta t) 秒取一個樣本，因此每秒就有 $1/\Delta t$ 個樣本*。$1/\Delta t$ 稱為取樣頻率 (*sampling rate*)，單位仍然用 Hz。

取樣程序將類比訊號離散化 (*discretize*)。離散化之後的每個樣本都是一個實數，它的數值有無窮多種可能。但電腦不能儲存也不能處理無窮多種資料，所以要將這些實數化約成有限多種可能的整數；這就叫做數位化 (*digitize*)。數位化的樣本才是數位訊號；聲音的數位訊號，又稱為數位音訊。數位化的程序是，先規定樣本只能有 2^n 種不同的數值，依序為 $p_0 < p_1 < \ldots < p_{2^n-1}$。然後檢查樣本 $f(t_i)$「最靠近」哪個 p_k，就將 $f(t_i)$ 指定為為 k。

舉例來說，如果 $n = 3$，而規定

$$p_0 = 74, \quad p_1 = 74.5, \quad p_2 = 75, \quad \cdots \quad p_7 = 77.5$$

那麼以下實數 73.2, 74.27, 74,8992, 75.8, 77.4446 和 78.04 就被數位化成 0, 0, 2, 4, 7 和 7。前述之 2^n 就是數位化的解析度 (*resolution*)，因為 $0 \le k \le 2^n - 1$ 所以數位訊號 k 可以用 n 嗶的位元排列來記錄與儲存。

數位音訊經過 DA 轉換還原成類比訊號之後，與原始錄音的類比訊號必然

---

* 例如，若 $\Delta t = 0.25$，則取得樣本 f(0), f(0.25), f(0.5), f(0.75), f(1), f(1.25), f(1.5), ...。如果我們所謂的「每秒」指的是包含開頭但不含結束的一秒鐘間隔，則每秒有 $1/\Delta t = 4$ 個樣本。例如在 $0 \le t < 1$ 當中有 4 個樣本，而 $1.3 \le t < 2.3$ 當中也有 4 個樣本。

有些微差異。續前例,電腦只能將 0, 0, 2, 4, 7 和 7 還原成 p_0, p_0, p_2, p_4, p_7 和 p_7,也就是 74, 74, 75, 76, 77.5 和 77.5,並不等於原始的六個實數。但是讀者不難想像,數位化的解析度越高,AD/DA 轉換所造成的誤差就會越小。

數位音訊的音質還受到取樣頻率的影響。如果原始類比訊號是 $f(t)$,取出樣本 $f(t_0), f(t_1), f(t_2),\ldots$。因為這裡只有有限多個樣本,比起連續函數 $f(t)$ 所蘊含無窮盡的資訊而言,少得可憐。因此,讀者應可體會,即使不經過數位化,用這有限多個實數樣本轉換回來的類比訊號 $\tilde{f}(t)$ (唸 tilde f),並不見得能「還原」到 $f(t)$。一般而言 $\tilde{f}(t) \approx f(t)$ 而不盡相等。有一個非常著名的 Shannon 取樣定理說,如果取樣頻率是 S,則只有當 $f(t)$ 內含的最高頻率不超過 S/2 時,才能夠保證 $\tilde{f}(t) = f(t)$。換言之,如果取樣頻率是 S,則 DA 轉換出來的類比訊號,最多只能可靠地還原 S/2 以下頻率的聲音。

3.15

CD 音質的數位音訊

所謂 CD 音質是 CD 唱片光碟所記錄的數位音訊規格。它並不等於聆聽音樂的品質,因為那還關係到錄音與播放時的音響器材品質。這一套規格是由 Philips 與 Sony 公司共同研發制定的,發表於 1980 年公佈的技術手冊;因為它的封面是紅色的,圈內人稱之為「紅皮書」。紅皮書不但定義了數位音訊的規格,還定義了光碟片的硬體規格。此後所有 CD 家族的光學載體 (*optical storage media*),都奠基於這份文件。

Philips 與 Sony 的工程師相信科學家的實驗結論,認為人類只能聽到頻率在 22,000Hz 以下的聲音,因此將類比訊號先行「過濾」,濾掉了錄音中 22,000Hz 以上頻率的聲音 (細節不表)。然後他們應用 Shannon 取樣定理,規定取樣頻率為 44,100Hz。為了希望能在 CD 光碟的容量內放進 74 分鐘的音樂,就規定了解析度為 2^{16}。換句話說,紅皮書規定每秒取 44,100 個樣本,每個樣本用 16 嗶 (也就是兩個字元) 來儲存。若是單聲道 (mono) 的類比訊號,則每秒鐘轉換成 88,200 拜;而立體聲 (stereo) 分成左右兩個聲道,要分別從類比轉換成數位音訊,因此每秒鐘轉換成 176,400 拜。一首 3 分 48 秒的 CD 音質歌曲,就有 40,219,200 拜、大約 38MB 的資料量。

1990 年以後,技術上的進步,可以辦得到更高資料量的數位音訊規格。例如 96,000Hz 的取樣頻率配上 2^{24} 的解析度。這麼一來,同樣一首 3 分 48 秒的歌曲,就轉換出 83MB 的資料。

音訊檔案

用來儲存數位音訊的檔案，幾乎全是非文字檔案。最常見的格式是波形 (*wave*)
檔案，副檔名為 WAV。因為它沒有經過壓縮，所以其檔案含量可以用音訊長
度 (以秒為單位)、取樣頻率以及解析度計算出來。但是因為音訊檔案總有個檔
頭 (*header*)，儲存著關於這筆音訊的其他資訊 (例如演出者與出版商等等)，
所以實際檔案含量，會比計算出來的資料量稍微大一點點。市面上有許多種軟
體，可以擷取 CD 唱片內的歌曲，儲存為 WAV 檔案。WAV 檔案除了可以儲
存 CD 音質的數位音訊之外，還可以另行設定許多不同規格 (包括取樣頻率、
解析度、單聲道或立體聲) 的音訊。

　　與 WAV 類似，還有 AU 和 SND 這些檔案格式，也都是儲存未經壓縮
的音訊資料。另一類型的音訊檔案，則附帶規定了某種壓縮技術或規格。最
常見的可能就是 MP3，它是 MPEG-1 Layer 3 的縮寫。MPEG 代表 Moving
Picture Experts Group，那是一個以發展數位視訊的技術與標準為宗旨的組　　2.12
織。MPEG-1 是她們制定的第一套標準，VCD 影音光碟就採用這個標準來壓
縮數位視訊，這種檔案的副檔名是 mpeg 或 mpg。而數位視訊通常要配上聲
音，因此她們順便研發音訊壓縮的技術和標準。依照壓縮技術的效能，分成 1,
2, 3 三個層次。其中第三層 (Layer 3) 是 MPEG-1 規格中最高級的音訊壓縮標
準，簡稱 MP3。類似地，MP2 是 MPEG-1 之第二層音訊壓縮的簡稱，至於
MPEG-2 數位視訊通常簡稱為 M2V。MP3 並不是所有音訊壓縮法中最有效率
的一個；例如微軟 WMA 音訊檔案採用的壓縮法，或者在 MPEG-4 之中制定
的 AAC (Advanced Audio Coding) 壓縮法，都略勝 MP3 一籌。

　　因為 MP3 出身於數位視訊的壓縮規格，所以也用資料流速 (*bitrate*) 來測
度資料含量，其單位是 kbps (k-bits per second，每秒 1024 嗶)。由使用者指定
壓縮後的資料流速。譬如指定了 128kbps，那麼 MP3 就依約將數位音訊壓縮
成每秒只有 $128 \times 1024 = 131,072$ 嗶的資料，或者是每秒 16,384 字元。因此
一首 3 分 48 秒的歌曲，就壓縮成 3,735,552 拜 (大約 3.5MB) 的 MP3 檔案。
對同一份數位音訊，指定的資料流速越低，壓縮之後的資料也就越少，但是播
放的品質就會越差。在所有長度相同的音訊上指定同樣的資料流速，所得的壓　　1.24
縮資料量應該都相同。但是，應用在不同音樂內容的音訊上，或者是使用不同
的壓縮法，解壓縮之後播放的品質就可能不同。譬如同樣以 MP3 指定 64kbps

流速，用來壓縮單聲道的談話錄音，解壓縮後播放的品質，聽起來應該會比用來壓縮立體聲的交響樂錄音要好。您必須權衡資料量和播放品質，取得一個最佳的妥協。

當電腦 (或者任何電子器材) 要播放未經壓縮的數位音訊，只要讀取資料、做 DA 轉換再輸出給擴大機就行了。但是如果他要播放經過壓縮的數位音訊，就得要在 DA 轉換前增加「解壓縮」步驟。這需要相當多的計算步驟，而且要在時限內完成 (否則您就聽到斷斷續續的音樂)，所以需要運算能力比較強的電腦：特別是當您想要一邊操作電腦一邊要他播放音樂的時候。

資料壓縮

現在我們知道數位圖像和數位音訊的資料量都很大。因此，為了節省儲存空間，也為了傳輸時的效率，發展出各種壓縮的方法來降低它們的資料量。所謂壓縮 (*compress*)，就是一套數學計算的演算法。對每一種壓縮算法，必定有一個相對的解壓縮 (*decompress*) 算法。這一對壓縮與解壓縮的算法，稱為一對 codec。

如果原來的資料是 $(b_0, b_1, b_2, \ldots, b_m)$，其中每個 b_i 代表一個字元。假設壓縮之後變成 $(d_0, d_1, d_2, \ldots, d_p)$，我們將 p : m 約分成 1 : r 的形式，稱 1 : r 為壓縮比 (*compression rate*)。例如將一首 3 分 48 秒的 CD 音質歌曲，從 40,219,200 拜壓縮成 3,735,552 拜，壓縮比就大約是 1 : 11。

假設將 $(d_0, d_1, d_2, \ldots, d_p)$ 解壓縮之後，得到 $(\tilde{b}_0, \tilde{b}_1, \tilde{b}_2, \ldots, \tilde{b}_m)$。如果數學證明 $b_i = \tilde{b}_i$、$i = 0, 1, \ldots, m$，我們說這種壓縮法是無失真 (*lossless*) 壓縮。例如圖像檔案 GIF 和 PNG 都採用無失真壓縮。許多讀者可能用過檔案壓縮工具 ZIP，那也是無失真壓縮。所以正常情況下，解壓縮的檔案會還原成原始的檔案。

假如 $b_i \approx \tilde{b}_i$ 而不盡相同，則這套算法是破壞性 (*lossy*) 壓縮。一般性的檔案壓縮當然不能有破壞，否則解壓縮的檔案就可能無法讀取或者無法執行。但是圖像和音訊卻可以容許小規模的破壞：只要我們的眼睛和耳朵不挑剔就好。譬如 JPEG (也簡寫成 JPG) 和 MP3 都採用破壞性壓縮。

無失真壓縮根據離散數學理論設計，計算量比較低；破壞性壓縮根據分析數學理論設計，計算量比較高。無失真的壓縮比是由原始資料的複雜程度決定，使用者不能調整，通常能夠達到 1 : 5 就不錯了。破壞性壓縮則可以讓使

用者調整壓縮比，例如您可以降低 MP3 的資料流速來提高壓縮比到 1 : 20 以上。但是壓縮比越高，就意味著破壞性越強，使得解壓縮資料與原始資料相去越遠，所以觀賞或者聆聽的品質就越差。越複雜、越大型的多媒體資料 (例如畫面複雜的風景照片、音響繁複的熱門音樂)，就越能容許較高壓縮比的破壞，使得眼睛和耳朵感覺不出來，或者是雖不滿意但可以接受。但是單純或者小型的多媒體資料就應該避免破壞性壓縮。例如由線條、框格和文字組成的圖表，最好是使用無失眞壓縮。

描述型圖像與音訊

點陣圖和數位音訊在道理上是同一類的：它們把影像和聲音，用某種規則轉換成數，並一五一十地儲存這些數；因此它們的資料量都很大。即使經過壓縮，還是頗大。一種另起爐灶的想法是，何不設計一套程式語言來描述影像或聲音，讓電腦的解讀軟體去執行繪圖或發聲的工作。譬如想要顯示一個圓，與其儲存一個圓的像素矩陣，何不告訴電腦圓心坐標和半徑，由軟體根據螢幕或印刷機的特性去畫那個圓？再譬如要播放鋼琴彈奏中央 C 四分音符的琴聲，與其儲存一段琴聲的數位音訊，何不告訴電腦樂譜和指定的樂器，由軟體去組成那個樂音？讀者應可想像，如果眞的辦到上述理想，則可以大大降低圖像與音訊的資料量。

在圖像方面，要描述自然景觀恐怕眞的很難，雖然碎形幾何或者動態系統被用來幾可亂眞地描述了灌木叢、蕨類、雲朵和浪花，但是整體而言到目前還不算成功。若是要描述文字或其他人工繪製的圖案，則頗爲可行。例如 Adobe 公司的 PostScript 語言就可以用來描述文字的外框，而成爲一套描邊字型 (*outline font* 或者 *vector font*)。MS-Windows 內使用的字型，大多是微軟的描邊字型 TrueType Font (TTF)。市面上也有製作描邊圖或者向量圖的軟體，例如 Corel Draw 和 Adobe Illustrator，它們以其專屬的語言來描述曲線的形式、顏色、區域內顏色或樣式的漸變等等。使用描述型繪圖軟體，不容易創作出複雜有如自然景觀的圖畫，也不容易繪製例如潑墨山水或印象派風格的藝術畫作，但是可以創作以精確線條爲主的藝術，例如平面設計。

⟶ 1.37

因爲監視器與印刷機終究還是由光點或墨點來呈現圖像，所以描述型的圖像只有在儲存和操作 (譬如旋轉、放大縮小) 的時候有用，一旦要眞正呈現在人的眼前，還是必須先經過計算，按照描述的指令當場製造出對應的像素矩陣，

然後交給監視器或印刷機去呈現。因此，描邊字型或圖像雖然有檔案小、縮放自如又可以做特效這些優點，卻需要運算能力夠強的電腦，才能處理。

另一方面，1983 年制定的樂器數位介面 (MIDI: *Musical Instrument Digital Interface*) 恰好爲描述型音訊鋪好了路。MIDI 本來是在不同廠牌電子音效合成器 (synthesizer) 之間傳遞演奏指令的工業標準，後來很快地變成電腦操縱音效合成器的標準指令。例如電子琴就是音效合成器的一種操作介面；其實只要能夠下達 MIDI 指令給音效合成器，就能讓它演奏音樂，有沒有琴鍵並不重要。

2.14

如今電腦內的音效卡都附有音效合成器，可以在常用的頻率範圍內合成 128 種旋律樂器 (例如鋼琴、小提琴等) 的音色，還能模仿 47 種打擊樂器 (例如鈴鼓、三角鐵等) 的聲音。至於樂音的逼真程度，當然就隨著合成器的內部品質 (和價格) 而異。合成之後的類比訊號，同樣也是傳送給擴大機去播放。

MIDI 指令儲存在 MID 檔案內，簡單地說就是一部樂譜，記錄著甚麼時間、甚麼樂器、要以甚麼音階和甚麼強度、發出多久的聲音。因此，MIDI 編曲軟體通常以五線譜形式表現，而 MID 檔案相對於 WAV 或 MP3 就相當地小。每個 MIDI 樂譜有 16 個通道 (channel)，每個通道導向一部音效合成器；在一般個人電腦上，通常全部導向內部的音效卡。每個通道可以劃分成許多音軌 (track)，每個音軌通常就對應一種樂器，所以每個音軌有它自己的五線譜。理論上不同的樂器可以同時發聲而演奏交響樂，單一樂器 (例如吉他) 也可能同時彈奏不同音階而形成和弦。但是音效合成器所能提供的總發聲數 (voice) 可能只有 8 或 24，因此未必可以按照 MIDI 樂譜演奏太複雜的音樂。

數位視訊

將靜態圖片快速播放，利用視覺暫留造成連續變化的動態印象，就成了視訊。如果那些靜態圖片是數位圖像 (此時稱爲畫格 (*frame*))，那樣的視訊就是數位影片 (*digital video*) 或電腦動畫 (*computer animation*)。通常我們稱眞人實景的視訊爲影片，而人工繪製的視訊爲動畫。不過隨著兩者的數位化處理，越來越難以區分彼此，也越來越沒有區分的必要。

數位視訊通常會配上數位音訊，有時候還有字幕，而且都得同步播放。將這些不同類型的資訊包在一起的檔案，通稱爲多媒體容器 (*container*)。數位視訊的資料含量原則上是：(k 秒) × (平均每秒 p 個畫格) × (每畫格是 $m \times n$

的圖像) × (畫格的色層深度 d)，可以想像它非常之大，所以容器檔案必定會採取某種破壞性 codec。俗稱 DVD 的數位電影，基本上就是 DVD 光碟片內錄製的 VOB (video object) 容器檔案，內容包括符合某種 MPEG-2 規格的數位視訊，以及配合影片的音訊 (通常是杜比公司的 AC3 或 DTS 公司的 5.1 聲道) 和字幕 (其實是透明底的點陣圖) 資料。

光學載體

所謂光學載體是指應用物質的光學 (optical) 性質而製造的數位資料載體，最常見的 CD (Compact Disc) 家族其實是 Philips 與 Sony 公司的註冊商標。這個家族包括 CD-DA (digital audio)、CD-ROM (read-only memory)、VCD (video CD)、CD-R (recordable) 和 CD-RW (rewritable)。其中 CD-DA 就是最常見的音樂光碟，又稱爲 CDA 或者直接稱爲 CD。CD 家族光碟片的外形規格 (例如外徑 120mm 內徑 15mm) 和讀取資料的雷射光規格 (波長 780 奈米) 全是一樣的，而光碟機可以在 CD 上讀取或燒製 74 或 80 分鐘的音樂或視訊，或者 650 或 700MB 的資料。在工廠大量印製的 CDA、VCD 和 CD-ROM 幾乎可以永久保存，但是使用者不能修改或刪除其中的資料。個人可以在 CD-R 或 CD-RW 上燒錄甚至刪除資料，但是這些資料實際上只有三到五年的壽命；因爲這些光碟片採用的有機化合物塗料必須對光敏感，才會被局部可能高達 700°C 的雷射光「燒」上資料，而這些塗料也就無可避免地容易因爲日光或紫外線而退化。

2.13

　　CD 是將資料記錄在一條很長很窄 (寬度約 1/2 微米) 的帶子上，這條帶子從靠近圓心的內圈開始，螺旋狀地盤纏在光碟片上。在這條帶子上，有相對的「平地」(land) 和「坑」(pit)：雷射光從平地反射回來成爲亮點，從坑底反射回來成爲暗點，利用亮暗之間的變化來記錄和讀取 0 或 1 的數位資料。最早的光碟唱盤以每秒 150KB 的速度讀取資料，以此爲基準，所謂 32 倍速的 CD 光碟機就是以每秒 32×150KB ≈ 4.69MB 的速度讀取資料。

　　DVD 的規格由十家公司共同制定，原本是 Digital Video Disc 的意思；後來發現它其實是一種可以儲存大量資料的一般用途載體，所以在 1999 年宣稱 DVD 就是 DVD，不代表任何縮寫。DVD 的外形和原理都跟 CD 一樣，基本上 DVD 以更小的坑、更短的雷射波長和纏得更緊的帶子，來提高其資料容量：在同樣面積的光碟片上放進 3.95GB 或 4.7GB 的資料。DVD 光碟機的基準速度是每秒 1.38MB，而它還有可能讀取雙面甚至每面雙層的 DVD。

我們在磁碟機內建立檔案，不就是為了儲存資料嗎？所以，廣義地說，由作業系統在磁碟機內建立的整個檔案系統，就是一個資料庫 (*database*)。但是，一般所謂的資料庫，指的是一批具有特殊格式的檔案 (通常是非文字檔)，儲存著資料本身、關於資料的資料和協助查詢的索引。而資料庫管理系統 (**DBMS**: *database management system*) 則是在資料庫內建立、修改、維護、查詢資料的軟體系統。按照資料庫的設計模型來分類，有所謂的關聯式資料庫 (*relational database*)、分散式資料庫、物件導向資料庫等等。現在最基本、也最常見的，應屬關聯式資料庫。因為關聯式資料庫的普遍性，以及到目前為止的實用性，我們可以不冒太大風險地假定，今後即使有新的資料庫模型來取代它，也會保留其相容性。因此，現在我們就只講關聯式資料庫。

資料庫表格

在整理資料的時候，我們會將概念上相同的資料歸類，姑且稱之為資料集合。這些集合的劃分並沒有明確的規則，在日常生活中遇到的資料，靠著常識就能分類。例如個人的親友通訊錄和雷射唱片收藏，在常識上就知道，應該形成兩個資料集合，而不是混合成一個資料集合。

概念上的一個資料集合，在實作上通常就對應一個資料庫。一個 DBMS 可以管理許多個資料庫，而一個資料庫又由一張或許多張表格 (*table*) 組成。表格又稱為資料表，被水平線和垂直線劃分成一個個矩形的格子 (cell)，如同右頁的圖一。用矩陣術語來說，垂直排列的格子稱為行 (column)，水平排列的格子稱為列 (row)；用資料庫術語來說，垂直排列的格子稱為欄或欄位 (*field*)，水平排列的格子稱為一筆資料 (*a record*)。例如圖一就是一張具有四筆資料、五個欄位的表格。

在這一講裡面，我們用「中央大學數學系之校友通訊錄」當作資料集合。首先，我們必須事先訂定一個足夠明確的定義：凡是曾經註冊成為中央大學數學系之學士、碩士、博士班學生，都屬校友。然後就要根據定義，以嚴格的推理和豐富的想像力，設想這個定義會導致哪些後果。例如在上述定義之下，中途轉系或退學的人，以及目前的在校生，都被包括在內；因此，同一個人可能會被登記成四筆資料 (讀者不妨自己想像何以如此)。

如果我們決定不接受定義所產生的某個後果，就應該修改定義；否則就要

58211200	張君寶	M	U	４２２ 台中縣石岡學府路 136 號 7 樓
63011300	周伯通	M	U	234 臺北縣永和市延和路 663 巷 448 號
65151400	程靈素	F	U	
69211500	周伯通	M	MS	234 台北縣永和延和路６６３巷４４８號

圖一

為每一種後果預先設想因應之道。新手經常會忽略「定義」這個步驟。事實上，如果想要設計一個完備的資料庫，讓它可以長長久久地使用下去，就絕對不能輕忽定義。嚴格的定義就是好的開始，而好的開始是成功的一半。

繼續上面的例子，我們接受那個定義產生的後果，將轉系、退學、在校生包含在通訊錄裡面，沒什麼不好。而同一個人就算四度進入中央大學數學系，也會有四個不同的學號，因此只要在資料內添加學號，就不慮混淆。

接著就該考慮，所謂「通訊錄」應該包含哪些種類的資料？在此我們決定要包含學號、姓名、地址、性別 (這樣才能在信封上寫明先生或女士)，還有班級*，以分辨學士、碩士或博士班的校友。

設計表格的時候，一個種類的資料就對應一個欄位。例如上述範例當中有五個欄位，分別代表學號、姓名、性別、班級和地址，而這五個欄位就組成一筆資料。例如圖一就是由這五個欄位所組成的四筆資料。

表格內有些欄位容許沒有資料，例如圖一的第三筆就沒有地址資料。在資料庫術語中，經常以 NULL 或 \N 表示「沒有資料」，這是一種特殊的狀態，代表欄位內真的空無一物。請注意，不要隨便使用 0、−1、空格或英文字母 NULL 等等符號代替「沒有資料」；只要填入這些符號，就有東西放在格子裡面，而不是真的沒有資料了。

1.21

表格與欄位屬性

圖一的表格之內是資料的本身，另外還有一些關於資料的資料，例如表格的名字、欄位的名字和資料型態等等，通稱為表格或欄位的屬性 (*attribute*)。屬性有別於資料本身，所以並不儲存在表格內，而是由 DBMS 另外儲存。

---

　* 其實還有聯絡電話、電子郵址等更多種類的資料，這裡只是簡化了的範例，細節就不再贅述了，請看網路教材。

alumni
number
name
gender
status
address

表格和欄位的名字，通常都必須是 ASCII 字符。以圖一為例，我們將表格命名為 alumni，它的五個欄位依序儲存學號、姓名、性別、班級、地址這五種資料，依序命名為 number, name, gender, status 和 address；如左列的表格簡圖所示。表格和欄位的名字，未必要與其儲存資料的意義相符 (就好像一個名字叫做甄英俊的人，長相不見得一定英俊)。您大可以將 alumni 的五個欄位命名為 A, B, C, D, E 或著 u, v, x, y, z，但是這樣做只是自找麻煩而已。為了實用上的方便，名字應該要盡量符合資料本身的意義。

欄位的最主要屬性之一就是資料型態 (*data type*)。我們以後會說明資料型態的必要性，目前只需要瞭解，每個欄位都要宣告 (*declare*) 一個 (且僅有一個) 資料型態，這是技術上的需求，與資料的意義無關。指定了型態，DBMS 可以更有效率地儲存、搜尋資料。資料型態通常可以分成以下三大類：

- 數值 (numeric)，又分成
  - 整數
  - 浮點數，也就是帶有小數點的數
- 字串 (string)，例如英文字母或中文
- 列舉 (enumeration)，只容許少數特定符號，例如以下的 gender 欄位

一旦宣告了資料型態，則那個欄位的格子裡面就只能存放符合該型態規定的資料。我們拿 alumni 表格為例，列出它的 (簡化的) 屬性描述：

Description of alumni

number	int
name	char(8)
gender	enum('F','M')
status	enum('U','MS','PhD')
address	char(128)

其中第一列代表第一個欄位的屬性：欄位名稱和資料型態。第一個欄位的名稱是 number 而它的資料型態是整數 int，因此這個欄位內只能以 ASCII 的數字符號填入整數，不能填入類似 3.14 (含有小數點符號) 或 7-11 (含有減號或連字號) 或 ３９１ (全形數字是中文字串，不是 ASCII) 這些類型的資料。整數型態

所能接受的數值範圍在 -2^{31} 和 $2^{31}-1$ 之間，並不能儲存太大或太小的整數。

Gender 欄位被宣告成列舉型態，這一欄只准填入 F 或 M 兩種字元，依序代表女性 (female) 和男性 (male)。同樣地，status 欄位只准填入 U, MS 和 PhD 這三種字串，依序代表大學部 (undergrad)、碩士班 (master of science) 和博士班 (doctor of philosophy)。

Name 和 address 兩欄都宣告為字串，括號內規定了字串長度的上限，例如 name 最多只能儲存 8 個字元的字串。如果輸入英文，最多可以放八個 ASCII 字符；如果以 Big-5 碼輸入中文，最多可以放四個中國字。如果想要收錄類似「佐佐木次郎」這種日本姓名，就得要宣告 char(10) 才行。

其實 number 也可以宣告為 char(8)，這樣仍然可以接受諸如 58211200 這種資料，只是這樣一來，58211200 就被 DBMS 視為字串而非數值，因此不能拿它去做四則運算或比大小。話說回來，有需要拿學號做加減乘除嗎？如果有一天中央大學決定在學號之中加入文字符號，例如像 B92201008，那麼 number 欄位就必須宣告為 char(9)。欄位的名稱和型態都可以事後修改，但是那有一定程度的危險和麻煩。

SQL 語言

資料庫的檔案格式，經常和 DBMS 是配套的。換句話說，由 DBMS$_A$ 建立的資料庫，未必可以被 DBMS$_B$ 查詢。但是，商業軟體為了其競爭性，總會提供一些工具，讓消費者把別家廠商的資料庫轉換成自己的格式。所以，一般來說，檔案格式倒不是個值得擔心的問題。反而是操作的語言比較值得注意。

使用者並不能直接存取資料庫檔案，而是透過 DBMS 代辦。DBMS 必須提供一套語言，讓用戶下達新增、修改、刪除、搜尋資料的指令。因此，對使用者而言「DBMS 提供些什麼語言？」才是重要的問題。如果 DBMS$_A$ 和 DBMS$_B$ 各自接受完全不同的兩種語言，那麼即使資料庫的檔案格式轉換過去了，使用者可能仍然不知如何操作。所幸，如今有一套稱為 **SQL** 的資料庫操作語言，或多或少成為所有 DBMS 的共通語言。

關聯式資料庫的概念乃是由 IBM 公司的研究員 Edgar Codd 博士於 1970 年首度提出，而第一份關聯式資料庫商品，也就是 IBM 公司的 DB2。SQL 原本是 DB2 所使用的語言，為 Structured Query Language 的縮寫。後來 ANSI 和 ISO 相繼將其訂為標準，並擴充其指令及語法，使得它不再是僅只適應關聯

3.13

式資料庫的語言。因此,如今 SQL 的 S 或可改成 Standard 的意思。各品牌 DBMS 都支援大部分的 SQL 指令及語法,但各品牌也都多少有些自訂的新指令或新語法,作為它自己的特色或賣點。

SQL 語法非常接近英文文法。例如

select *name* from *alumni* where *gender*='F'

就會將 alumni 表格內所有女生的姓名都列出來。SQL 是資料庫查詢語言,它雖然提供基本的統計功能,但是並沒有一般的計算與流程控制語句,所以不算是一個程式語言。

關聯性

關聯式資料庫的最基本設計概念就是:消除重複的資料。重複的資料除了浪費記憶空間之外,不過它更糟糕的壞處是:重複的資料增加了不一致的可能性。

什麼是不一致的資料呢?例如台中縣和臺中縣,意義相同但是字碼不同;或者郵遞區號 234 處,有人寫台北縣永和,也有人寫台北縣永和市;再說郵遞區號,有人用英文數字填寫,也有人用中文數字填寫。西方人姓名的資料不一致情況更嚴重,例如人名 John von Neumann 之第二、三字其實是他的姓氏,圖書館員有時會誤植為 Neumann, John Von 或者 J. V. Neumann。

使得資料不一致的原因很多。有些是因為不同人員的不同書寫習慣所造成的,有些是因為在修改或更新一筆的資料時,忘了順便處理所有重複的資料所造成的。不一致的資料造成搜尋的遺漏或者操作程序的麻煩,例如我們若是搜尋「台中」就會遺漏「臺中」,要不然就得在所有類似的情況下,都將兩種字符各搜尋一遍。一旦有資料被遺漏,當然就會導致後續處理的錯誤!長期被遺漏的資料,最終將會永遠被遺忘,成為資料庫中的孤魂野鬼。

為了消除資料的重複性,就要將某些欄位的資料獨立儲存;在技術上,就是要把一個資料集合分割成好幾張資料表,讓它們各自儲存不被重複的資料。

以 alumni 表格 (圖一) 為例,我們看到許多種常見的不一致性。譬如周伯通雖然出現兩遍,其實是同一個人兩度註冊於中央大學數學系:一次是大學部,一次是碩士班。這兩筆資料的地址不應重複*。再者,既然已經有郵遞區

---

* 讀者或許會想,同一個人的姓名和性別資料也不應重複才對啊?您的質疑是正確的。不過,這裡只是個教學範例而已,就放我一馬吧。

list

1	58211200	張君寶	M	U	1
2	63011300	周伯通	M	U	2
3	65151400	程靈素	F	U	
4	69211500	周伯通	M	MS	2

address

1	120	學府路 136 號 7 樓
2	33	延和路 663 巷 448 號

zip

		⋮	
33	234	臺北縣	永和
		⋮	
120	422	臺中縣	石岡
		⋮	

圖二

號，那麼對應的縣市與地區名稱，就應該有一套標準寫法，而不必重複記錄在地址裡面。因此我們將 alumni 拆成三張表格：list, address 和 zip，如圖二。

以上三張表格的第一個欄位都代表序號，其欄位名稱都是 id。List 表格不直接記錄地址，改為記錄 address 表格的序號 (addressid)。Address 表格則只記錄街道地址 (streetno)，至於郵遞區號與對應的縣市和地區名稱，則代以 zip 表格的序號 (zipid)。Zip 表格記錄臺灣郵遞區號 (zipcode) 與對應的標準縣市 (zone) 和地區 (area) 名稱。這麼一來，資料就不再重複，而原先的「校友通訊錄」資料集合，則以三個相互關聯的表格組成一個關聯式資料庫。

表格之間的關聯性，可以用表格簡圖和它們的關聯圖示來呈現，參見圖三。例如 list 和 address 這兩張表格，透過前者的 addressid 欄位和後者的 id 欄位建立了關聯性。而關聯應該具有「多對一」的方向性，例如 list 內可能有許多筆資料對應 address 的同一筆資料，但是我們卻不容許 address 的許多筆資料對應 list 的同一筆。因此，這個關聯的方向是 list→address 而不能是相反的方向。同理，另一個關聯的方向是 address→zip 而不能是相反的方向。用數學術語來說，關聯必須是一個函數。圖三中第一個關聯函數的定義域是 list，值域是 address；第二個關聯函數的定義域是 address，值域是 zip。

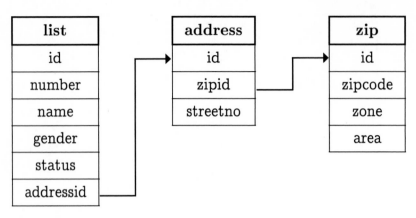

圖三

函數並不容許「一對多」或「多對多」的映射關係。如果您發現兩張表格的關聯違背了函數規則，這表示您的資料庫或許設計不當，最好重新想想。如果您發現兩張表格的關聯是一對一且映成的函數，那麼您其實可以考慮將兩張表格合併。在關聯函數中被用來當作值域的欄位 (例如圖三中的三個 id 欄) 必須是主欄位 (*primary key*)，也就是欄內資料不得重複的欄位。主欄位的型態未必非是整數不可，但是通常都用整數，象徵著一組序號。

至此我們知道，前面所說的定義資料集合、決定欄位屬性和建立表格，只是簡單技術性的資料庫設計流程。更深入地，我們須要將資料劃分到不同的表格內，並且建立表格之間的關聯性。對於小型的個人資料，例如親友通訊錄、個人收藏的圖書資料，或許對每一個資料集合做一張表格，就足敷使用了，不必考慮資料的一致性與表格的關聯性。但是，想像一所綜合大學、一家跨國圖書出版公司、一座晶圓工廠，其資料集合內相互的關聯，就複雜得超出了一般人日常生活的經驗。而且，所謂的關聯，並沒有數學或技術上的定義，因此也就沒有固定的公式可循；其決定性因素往往並不在於技術，而在於使用者的工作需求。所以，設計一個完備而有效率的關聯式資料庫，除了需要具備操作 DBMS 的技能之外，其實更重要的，是對於資料來源與其應用場域的知識。

接合

前面我們說明了關聯的概念，而實現這個概念的技術，稱為接合 (*join*)。當初 Codd 發展關聯式資料庫的理論與實務，引用了數學中的集合論 (set theory)。如今探討資料庫的學術性書籍，還是會包含簡短的集合論。我們這裡就不詳述了。基本上，將兩張表格依指定的欄位接合，意思就是分別抽出指定欄位之

內容相同的各筆資料，將它們左右相接成一個新的表格。以下 SQL 語句

select * from address, zip where zipid=zip.id

就產生一個臨時接合的表格：

1	120	學府路 136 號 7 樓	120	422	臺中縣	石岡
2	33	延和路 663 巷 448 號	33	234	臺北縣	永和

同理，也可以接合三張表格，例如

select * from list, address, zip where addressid=address.id and zipid=zip.id

便可按照圖三所示的關聯，接合出一張新的表格。請讀者利用網路教材自行練習。這張三方接合的表格應該有 3 筆資料，13 個欄位。

應用程式介面

資料庫是一個後勤單位，DBMS 的價值就是做個稱職的幕僚：可靠地儲存資料、快速而精確地提供資料。至於輸入資料的操作介面、提取資料之後的分析與處理、整理資料形成可讀的報表，都不是 DBMS 的職責所在。

以通訊錄的應用介面為例，應該有一個介面，讓校友自行填入或修改其地址。為了避免資料不一致，所以地址之縣市與地區名稱部分，應該由介面提供選單，而不讓使用者自行填寫。這個介面所獲得的資料，應該分別按規定填入 list 或 address 表格內，當它發現不正常狀態的時候，也該產生警告或錯誤訊息，或者自動通知管理者處理。另外也應該有一個介面，讓管理校友資料庫的人可以適當地修改或刪除資料，譬如她可以將 list 表格內的幾筆不同資料對應到 address 內的同一筆資料。

在 WWW 風行之後，資料庫的輸入與輸出介面通常以網頁形式出現，因為它兼具圖形介面與遠端存取功能。但是網頁終究只是介面，不論是資料的儲存還是讀取，實際上都得交由 DBMS 代辦。因此，在網頁與 DBMS 之間，需要一份中介程式，將網頁獲得的資料 (整理後) 轉交給 DBMS 儲存，或者將 DBMS 提取的資料排版成網頁形式傳送出去。DBMS 會針對某些程式語言提供應用程式介面 (API)，常見的有 C/C++, Java, Perl 和 PHP 語言。程式設計師就要以這些語言來創造中介程式。例如這本書的網路教材，採用 MySQL 作為 DBMS，所有的中介程式都是以 PHP 語言寫成。

B長久以來，需要大量數值計算的專業人士，例如數學、科學、工程、統計或金融方面的工作者，都是自己撰寫程式來操縱電子計算機。儘管如此，軟體開發者倒沒有因此而卻步。從 1980 年代開始陸續推出的計算套裝軟體，提供較爲「友善」而且極富創意的功能和介面，如今已經廣爲專業人士所接受。事實上，這些套裝軟體通常是某些內行的專業人士自己開創的，然後才經過軟體工業的補強而發展成今天的商業規模。這些套裝軟體即使不能完全滿足專業的計算需求，也至少可以減輕撰寫程式所需的時間和體力。對這些領域的學生來說，專業的套裝軟體還是非常有效的學習輔助工具。

這一講的主題便是介紹一些計算類型的專業套裝軟體。不過，我們可是要把實話說在前頭：運用這些軟體的本質在於專業知識，把軟體操作得再熟練，如果缺乏知識也不能解決問題。譬如說，如果不知道如何解讀平均值和標準差的意義，那麼就算軟體能夠輕易地計算平均值和標準差，也只是徒增擾亂視聽的數據而已。如果不知道根據機率密度函數的意義寫出 $\int_{-\infty}^{\infty} k\, x^2\, e^{-x^2}\, dx = 1$ 這條積分等式，就算知道如何操作軟體做積分，又如何能夠解出 k 來？

計算套裝軟體的擅場與品牌不一而足，此處將它們粗分爲陣列計算 (*matrix computation*)、統計計算與符號計算 (**CAS**: *computer algebra system*) 三大類。不過，在進入主題之前，我們先利用現在這個恰當的時機，將某些常見的名詞整理一番。

關於軟硬體的名詞

所謂電腦硬體 (*hardware*) 就是主機板上面的晶體、積體電路和周邊設備之類看得見、摸得著的東西。英文本來就有這個字，原先指的是五金行裡面那些榔頭扳手之類的工具，引申成如今的意義也頗自然。然而軟體 (*software*) 就像 bit 一樣，都是電腦興起之後才發明的；它們都是 John Tukey 倡議的新字。所謂軟體就是一套指揮電腦該做什麼的指令序列，雖然它總是儲存在磁碟片或光碟片上 (因此摸得著)，而它執行起來又總是在監視器或其他周邊設備上產生效果 (因此看得見)，不過在概念上，它並非實體，而是由一套指令序列所完成的概念。之所以叫做軟體，是因爲它們很容易被刪除或修改。

分辨硬體和軟體，就像分辨有機物和無機物一樣，大部分情況下都很明白，但是總有那一段不鹹不淡的模糊地帶。有一些指令序列，被儲存在 ROM

3.14

學號	姓名	性別	Q_1	$\cdots$	Q_{11}	M_1	M_2	F
92081601	蔡仲憲	男	2	$\cdots$	10	53	79	100
92081602	邱佩英	女	5	$\cdots$	5	100	83	100
92081603	賴小柔	女		$\cdots$	3	38	59	50
				$\vdots$				
92081671	劉名許	男	6	$\cdots$	6	48	45	52

表一

裡面。說它硬嘛,它並不是電路本身所造成的效果,而是儲存在晶片內的指令,因此可以修改;說它軟嘛,除非拔除晶片或者透過特殊工具,卻又沒那麼容易刪除或修改。這些有點軟又有點硬的東西,通稱爲韌體 (*firmware*)。在電腦開機的初期,作業系統尚未掌控整台電腦之前,通常會有一個簡單的文字介面提供一些基礎的功能,讓您調整硬體或周邊設備的設定,例如選擇從光碟還是從硬碟開機,這時候就是電腦的韌體在爲您服務。

我們可以按照軟體的功能將它們分類:在前面十一講當中,我們已經提過作業系統、模擬終端機、瀏覽器、編輯器、編譯器、文書處理器等等類型的軟體,都是按照功能所做的分類。我們也可以按照軟體複雜的程度來分類:由一個或少數幾個檔案組成的軟體,稱爲工具 (*utility*);例如 MS-Windows 的小算盤、小畫家,UNIX 的 grep、less 都屬此類。由許多檔案組成,通常自行提供操作介面的軟體,稱爲套件或套裝軟體 (*package*);例如微軟的 Word, Excel 和 IE、友立的 PhotoImpact、Macromedia 的 DreamWeaver 以及稍後要介紹的 Matlab 和 Maple,都屬此類。比套件更大、功能更複雜的軟體,就叫做系統 (*system*) 了;例如作業系統 (OS) 和資料庫管理系統 (DBMS)。當然,以上只是大略的分類方法,再怎麼分都會有模稜兩可的灰色地帶。

陣列計算

我們已經知道:數位圖像、資料庫表格,都可以用矩陣結構來認識。其實許多數據資料也是的。矩陣的一行 (直的) 是爲向量,一列 (橫的) 是爲序列,針對矩陣、向量、序列做的計算,在這裡就統稱爲陣列計算。

就拿在學校環境中最常見的成績表格爲例,表一是某微積分班級的成績記錄。這個班級共有 71 人,一共考了十一次隨堂小考,依序記做 Q_1 至 Q_{11},

兩次段考依序記做 M_1 與 M_2，以及期末考記做 **F**。空格代表缺考。限於篇幅所以只呈現象徵性的一部分，讀者應可想像整張成績記錄，那是一種常見的數據表格。

　　表一中的學號、姓名和性別資料，很明顯地不需要計算，它們是字串 (*string*) 而非數值。陣列計算軟體都有某種程度的字串處理能力，但是字串處理並非這類軟體的重要功能。為了專注於陣列計算的特性，以下我們只取表一的數值資料組成矩陣，稱它為 A；因為矩陣不容許「沒有元素」，此時我們將缺考的成績以 0 分計算：

$$A = \begin{pmatrix} 2 & 6 & 6 & 8 & 8 & 10 & 1 & 10 & 10 & 2 & 10 & 53 & 79 & 100 \\ 5 & 10 & 10 & 10 & 10 & 9 & 4 & 10 & 10 & 0 & 5 & 100 & 83 & 100 \\ 0 & 0 & 0 & 6 & 8 & 0 & 2 & 3 & 0 & 0 & 3 & 38 & 59 & 50 \\ \vdots & \vdots & \vdots & \vdots & \vdots & \vdots & \vdots & \vdots & \vdots & \vdots & \vdots & \vdots & \vdots & \vdots \\ 6 & 9 & 9 & 9 & 7 & 7 & 5 & 10 & 10 & 3 & 6 & 48 & 45 & 52 \end{pmatrix}$$

5.10　A 的矩陣維度是 71×14，以上只顯示了前三列與最後一列。讀者可以從線上教材取得完整的表一與矩陣 A。

　　以上篇幅，就是想要請讀者理解，許許多多的數據資料，都能以矩陣形式呈現。一旦數值資料形成了矩陣，就應該在概念上將它視為以矩陣、或以向量、或以序列為單位的整體。在技術上，我們應該針對那整體對象做計算，而不是猶如操作掌上型計算器那般、一個數一個數地計算。所謂「陣列計算」軟體，就是以矩陣或向量或序列為整體的計算軟體。在商業或日常應用上，最常見的應是被歸類為試算表 (*spreadsheet*) 的套裝軟體，包括微軟 Excel 和 Lotus 1-2-3。雖然今天的試算表都提供配套的程式語言，不過具備較高計算需求的使用者，通常還是會選擇那些直接提供程式語言的陣列計算軟體，譬如 Mathworks 公司的 Matlab 或 Aptech 公司的 Gauss；前者在數學、科學與工程界廣受歡迎，後者主要流行於經濟、金融和統計領域。Matlab 是一位數學

3.05　博士 Cleve Moler 的個人創作，起初是免費的開放軟體，改版為商業軟體之後發展得越來越龐大，也越來越昂貴。於是有人發展非常近似 Matlab 的開放軟體，例如 Octave 和 SciLab，也都適合做為陣列計算的工具。

　　怎樣才是針對陣列做「整體」的計算呢？我們用 Matlab 語法舉一些例子。譬如我們要計算表格中每一次考試的平均成績，如果用計算器 (或者使用 C 或 FORTRAN 這類傳統的語言寫程式)，那就要一行一行地計算 A 的元素

之和,再分別除以 71 (人數)。不過,當成績資料都在矩陣 A 裡面,只要下指令 mean(A) 便得到

$$4.7887 \quad 6.5211 \quad \cdots \quad 58.3803 \quad 59.2535 \quad 59.9014$$

也就是 Q_1 的平均分數大約是 4.8、Q_2 的平均分數大約是 6.5、$\cdots$、期末考的平均分數大約是 60。因為第一次段考成績在 A 之第 12 行,所以 x=A(:,12) 就使得 x 向量記錄著 M_1 成績,是故 mean(x) 就是 M_1 的平均成績,亦即 58.3803,而 M_1 的「高標」(高於平均成績的平均) 就是

$$m=mean(x);\ ind=find(x>m);\ mean(x(ind))$$

亦即 75.7838。那門微積分課的評分標準規定十一次小考當中,將會挑選最高的八次作為平常成績 (因此學生有三次小考缺席的權利),並佔學期成績的 25%。為了落實這個政策,首先要計算每位學生的最高八次小考成績之和,那就要從 A 中取出前十一行,然後對每一列排序 (從小到大),再將排序後每一列第三個元素以後的數值加在一起:

$$B=sort(A(:,1:11),2);\ x=sum(B(:,4:end),2)$$

現在 x 向量就是 71 位學生的最高八次小考成績的和,依序是 68, 74, 22, $\cdots$, 67,請讀者自行驗證。然後說 0.25*(10*x/8) 就得到了相應的學期成績。

　　以上並非 Matlab 教材,只是讓讀者獲得陣列計算的印象而已。即使您看不懂那些指令,也能夠感受那些指令的威力吧!陣列計算軟體的程式語言 (就像所有程式語言一樣) 都提供一批算子 (*operator*),譬如 :, *, / 和 > 都是算子,一群函式 (*function*),譬如 mean(), find(), sort() 和 sum() 都是函式 (注意,我們一律在函式名稱之後寫一對括號),和一套串起算子與函式的語法 (*syntax*),譬如 x=A(:,12) 就符合 Matlab 語法。當我們運用陣列計算軟體來解決問題,除了要熟悉她提供的算子、函式和語法之外,還要訓練我們的思考模式:盡可能地將數據組成陣列,將陣列視為單一物件,將軟體的算子和函式直接作用在物件上。

統計計算

有些套裝軟體被稱為統計計算軟體,她們雖然也像 Matlab 一樣以陣列為單位處理大量數值資料,但是提供更令統計專業人士滿意的符號和介面;她們雖然也能夠處理一般的數值計算,但是整個軟體被塑造得特別適用於統計用途。

統計計算軟體的幾個老牌子是 1968 年發行的 SPSS (原本專注於社會科學之統計工作) 和 1975 年成立公司的 SAS (1970 年代初期由美國北卡州立大學的師生發展出來,當初用以分析農業資料),以及出身於 AT&T 貝爾實驗室的 S-Plus。S-Plus 的前身稱為 S,本來是開放軟體,轉型為商業產品之後,就有另一幫人發展非常類似 S 的開放軟體,稱為 R (就是 S 的前一個字母)。

　　不論這些統計軟體當初的設計方向如何,如今她們都已經發展成相當龐大的套裝軟體,提供相當完整的統計計算功能。只是不同的設計理念導致不同的操作介面和管理程序,也影響各別軟體在擴充、連結方面的效率。就操作的介面和語法而言,S-Plus (和 R) 比其他統計計算軟體更類似 Matlab。

變數與指派

前一頁作為示範用的 Matlab 指令當中,讀者看到數學的等號 = 出現於指令之中。我們習慣將 = 解讀為 = 左邊的量「等於」右邊的量。其實 = 符號在 Matlab 和幾乎所有的程式語言當中,都另有其意義:是指派 (*assign*) 而不是等於。

　　在許多情況下,把 = 視為「等於」並沒有錯,譬如 m=mean(x) 可以被解釋為 m 等於 mean(x)。但是此刻我們要釐清這個重要的概念:m=mean(x) 的正確解釋是將 mean(x) 的計算結果指派給 m;比較富於隱喻的符號是 ←,例如 m ← mean(x)。不過,我們必須先談談變數再繼續講指派。

　　上述之 x 和 m 都是變數 (*variable*) 的名字。而程式語言所謂的「變數」和數學所謂的「變數」也不盡然同義。在此,我們請讀者想像,一個程式語言的變數就好比一口箱子,每一口箱子有它的名 (*name*) 和它的值 (*value*)。以 Matlab 為例,當您輸入一個變數名,Matlab 就回應它的值;例如您輸入 m 她可能回應 58.3803。如果變數名不存在,也就是說不曾有一口叫這名字的箱子,那麼 Matlab 就會回應錯誤訊息;例如您輸入 nbox 則她可能回應 Undefined function or variable 'nbox'。某些程式語言需要透過特別的儀式來創造一口新的箱子,這種儀式稱為宣告 (*declare*)。但是 Matlab 不需要宣告,只要將數值指派給一個變數即可:如果變數原本存在,Matlab 就把數值放進那口箱子,成為它的值,而舊的值就被拋棄了、再也找不回來了;如果變數原本不存在,Matlab 就即時創造一口新箱子,然後把數值放進那口箱子。譬如說 nbox=16 就會使得 Matlab 先創造一口新箱子,將它命名為 nbox,然後將 16 指派給它,於是 nbox 的值就是 16。

　　如果將變數名以正確語法寫在函式或者算子當中，就代表要將變數值取出來做計算。譬如 nbox/2 就會讓 Matlab 做 $16 \div 2$ 而回應答案 8，sqrt(nbox) 就會做 $\sqrt{16}$ 回應答案 4。同一個變數可以在運算指令當中出現一次以上，例如 (nbox/2)/sqrt(nbox) 就是 $(16 \div 2) \div \sqrt{16}$ 答案是 2。

　　所謂「指派」就是把數值存入箱子裡。在 $\leftarrow$ 的左邊，只能有一個變數名，而右邊是一個數值：可以是一個常數、譬如 nbox $\leftarrow$ 16，也可以是能夠算出數值的運算、譬如 y $\leftarrow$ nbox $+1$。而它的意義就是將 $\leftarrow$ 右邊的數值存入左邊的箱子裡。關於 $\leftarrow$ 的第一個要點是，在 $\leftarrow$ 的左邊寫下任何運算都是不合語法的。譬如 nbox $+4 \leftarrow 16$ 就不合語法，電腦並不懂得將那句指令「移項」成 nbox $\leftarrow 16 - 4$！第二個要點是同一個變數可以出現在 $\leftarrow$ 的左邊和右邊：其意義並無混淆，就是先完成右邊的計算，再將結果存入左邊的箱子。譬如 nbox $\leftarrow$ nbox $+1$ 是符合語法的，如果 nbox 原來的值是 16，那麼前述就等同於 nbox $\leftarrow 16 + 1$ 所以 nbox 的新值就是 17！

　　可是 ASCII 字集中並沒有 $\leftarrow$、鍵盤上也沒有這個符號，而且絕大多數的計算軟體都不需要表達「相等」，因此都借用了數學中慣用的 $=$ 來表達 $\leftarrow$。這麼一來，就會出現像 nbox=nbox+1 這樣的運算，這是初學者最需要適應的語句！請明白：那是指派，不是等式，因此 nbox 並不會「無解」。

　　但是，有一類軟體必須將「指派」與「相等」兩個概念分辨清楚，那就是

符號計算

在 1980 年代目睹這類軟體誕生的人，莫不驚愕，因為它的功能顛覆了一般人所認定的「計算機能做的事」。這類軟體具備三大特別功能：

→ 2.18

- 眞確的數值計算。例如 1/2 - 1/3 得到正確答案 $\frac{1}{6}$ 而不是近似值 0.1667；又如 sqrt(12) 得到正確答案 $2\sqrt{3}$ 而不是近似值 3.4641。
- 代數符號的操作。例如可以展開 $(x+y)^2$ 為 $x^2 + 2xy + y^2$，可以做 $x^2 + x + 1$ 之導函數為 $2x + 1$。
- 任意精度的數值計算。例如可以計算 100! 為 $9332 \cdots 6864 \times 10^{24}$，或者可以計算 π 到小數點下 300 位：$3.14159 \cdots 1274$ (其實我不曾驗證這些答案是否正確，信不信由你囉)。

相對而言，CAS 發展得比較晚，因此商業產品並不多，比較著名的有 Derive, Maple, MathCAD 和 Mathematica。此外，開放性的一般功能 CAS 軟體也不

少，例如 Axiom, GIAC 和 Maxima；還有一些學術機構內的研究者，針對其專業需求而創造的特殊 CAS，例如 GAP (群論), Pari (數論) 和 Singular (代數幾何)。還有一些非營利導向的產品，只是希望市場補貼基本的研發費用而已，例如 Magma, muPAD 和 Reduce。不論是商業版或開放版的 CAS，都在二十世紀末有著長足的進步，我們可以期望這些軟體在廿一世紀初還會持續發展。

CAS 都提供程式語言，也都有自己的算子、函式和語法。不過 CAS 為其代數運算功能，必須分辨「指派」和「等於」，也必須分辨程式意義的變數和數學意義的變數或未知數。以 Maple 為例，她用 = 代表「等於」而用 := 代表「指派」。例如 a := solve(x=2*x-1); 就是將 x 視為未知數而 = 視為等號，因此 x=2*x-1 表示數學上的等式 $x = 2x - 1$，Maple 對它求解得到 1，然後指派給 a。因此 a 代表一口箱子，它的值是 1。

在上面的例子當中，x 不可以是程式意義的變數。如果我們先說 x := 4; 就使得 x 成為一口箱子，其值為 4。如果再說 a := solve(x=2*x-1); 就會被 Maple 解讀為 a := solve(4=2*4-1); 但是 $4 = 2 \times 4 - 1 = 7$ 根本就不是一條等式，當然也就沒有解，所以執行之後 a 將會成為一口空箱子 (雖然是空箱子，它還是一口存在的箱子)。

任何一個符合 Maple 語法的字串，譬如 nbox，只要不是函式的名字、也不是保留字 (以後再介紹保留字)，就會被 Maple 視為變數。一旦它被指派，就會成為程式意義的變數，否則就是數學意義的變數。如果一個變數曾經被指派，我們可以用 unassign() 來消除它代表的那口箱子，使得它還原為未經指派的變數，也就是數學意義的變數。譬如說 unassign('x'); 就會確保 x 為未經指派的變數，於是 solve(x=2*x-1) 這個運算就有意義了。

硬體與軟體計算

雖然所有的計算，最終都是由電腦內的硬體電路執行，但是我們稱直接由 CPU 之電路完成的計算為硬體計算，而經由一套程式指揮 CPU 逐步完成的計算為軟體計算。由於預先設計的電路是固定的 (也是符合某種標準的)，所以硬體計算只能處理一定範圍內的數值。譬如就整數計算而言，硬體計算所能處理的最大整數通常是 $2^{32} - 1 = 4294967295 \approx 10^{10}$ 或 $2^{64} - 1 = 18446744073709551615 \approx 10^{19}$，所以就不能真確地計算很大的整數，例如 $100! \approx 10^{158}$。

　　我們將在第 D 講介紹硬體計算的規格，此處請讀者明白的是，硬體計算有其一定的限制，但是它們的計算速度完全由電腦本身的速度決定，並且不會暗地裡竊佔記憶體，所以一般來說總是比軟體計算更有效率。陣列計算軟體 (包括 Matlab) 都是用硬體計算。

　　而軟體計算就好像我們用紙筆做十進制數字的加減乘除一樣，只要紙張夠大、筆墨夠多、恆心夠長久，就可以做任意大小的數值計算。讀者應該已經猜到，CAS (包括 Maple) 乃是用軟體計算，因此她可以計算像 100! 這麼大的整數。由於電腦內的硬體電路並不能直接處理那麼大的數，讀者可以想像軟體計算乃是將很大的數切成許多小段，暫時儲存在記憶體中，然後利用硬體電路一段一段地計算。所以，軟體計算將會竊佔記憶體，而且總是需要更長的時間來執行。理論上，軟體計算可以算到任意大的整數，不過受限於記憶體的容量和人們願意 (或能夠) 等待的時間，總是有一個可計算的上限。

核心與組件

所有軟體平常都儲存在周邊設備 (例如硬碟或光碟) 中，一定要先載入記憶體才能執行。考慮軟體的效能、以及其他管理上的方便性，許多套裝軟體或系統會挑選最基本的功能集結成核心 (*kernel*) 部分，讓電腦先載入核心開始執行，然後再視需要載入其他次要或比較不常用的部分，我們稱之為組件。

　　Matlab、Maple 和以前介紹過的 LATEX 都依循核心與組件的設計。同樣是組件，各套裝軟體給它們取的名字不盡相同，例如在 Matlab 稱為 toolbox (工具箱)，在 Maple 和 LATEX 稱為 package (套件)，還有些軟體稱之為 module (模組)。各套裝軟體載入組件的方式也不同。例如 Matlab 的組件其實都是純文字檔案，只要安置在適當的檔案夾內，就可以由核心在必要的時候找到檔案並載入執行。而 Maple 和 LATEX 都不會自動載入組件，使用者必須另行下指令載入特定的組件。

　　在核心中，放著所有語法的解譯程式、所有算子的執行程式、和最常用的函式。譬如計算平方根 sqrt() 或絕對值 abs() 這種簡單而常用的函式，都被收錄在 Matlab 和 Maple 的核心之內。沒放進核心的，都是些次要或比較不常用的函式。它們為數非常非常多，所以 Matlab 和 Maple 將它們分門別類集結成不同的組件。譬如她們都提供統計計算、時間序列和財務工程等專業組件；如果不夠用，使用者還可以撰寫自己的組件。

C程式 (*program*) 這個名詞有多重用法，它本來的意思是『一系列操縱 CPU 的指令』，口語上也被用來指稱『製造這些指令的文字』。而那些「文字」基本上只有 ASCII 字集裡面的字符。但是只有文字符號不足以表達意義，我們還需要一套文法。那些用來製造電腦程式的文字與文法，自成一套語言，稱為程式語言 (*programming language*)。讀者已經在前面幾講接觸過特殊功能的電腦語言，例如排版語言 HTML 和資料庫查詢語言 SQL，知道原始碼、直譯和編譯這些概念，也知道程式語言由保留字、算子、函式和一套語法組成。現在，我們要正式介紹程式語言了。可以化約地這樣說：這本書之前的內容，都在為讀者準備學習程式語言，而後續的篇幅，則旨在增補我們對於程式語言的瞭解。

機器碼與程式語言

最早期的電子計算機，例如賓州大學建造的 ENIAC，由許許多多個計算元件組成。每個元件專司一種計算，譬如一個加法元件從兩排輸入孔獲得數值，而一排輸出孔則相當於兩個輸入數值的和。至於輸入從哪裡來？輸出到哪裡去？都由一大捆電纜來決定。在 ENIAC 上，每一個「程式」就是一套特定的電纜連線方式，而每換一個程式，就相當於拔掉電纜重新連接，經常要花費半天的

<!-- margin note --> 1.27

功夫來拔、插和檢查電纜的位置。至於最初的數值，則是由一大排的旋鈕來決定。在 ENIAC 時代，所謂「寫程式」就是設計一套電纜的連接方式，使得電流從最初輸入數值的元件開始，依序流經各種計算元件而抵達終點。

　　John von Neumann 和他的同儕，在 ENIAC 經驗之後繪製了今日電腦的藍圖：也就是讓被計算的數值和指揮計算機工作的指令，都以符合二進制整數概念的某種電磁形式儲存在記憶體裡面。而計算機的硬體設計，能夠根據同樣也是二進制數值的指令，亦即機器碼 (*machine code*)，將記憶體某兩個位置

<!-- margin note --> 3.02

的電流導入加法元件的輸入孔、並將輸出孔的電流導引到記憶體的某處。von Neumann 在高等研究院建造的 IAS 計算機就是這一時代的里程碑，那時候的「程式」是細細長長的一大卷紙帶，帶子上有孔、無孔的格子實現了以二進制整數呈現的數值和機器碼，計算機再根據帶子上的孔，將數值和機器碼轉換到記憶體內。在 IAS 時代，所謂「寫程式」就是將電腦工作所需的數值、和指揮它工作的機器碼，都用二進制數字寫出來，然後按照這一大排 0 和 1 組成的數

字在紙帶上打孔，再把紙帶「餵」給計算機去執行。

　　後來，類似錄音帶的磁帶取代了紙帶，然後諸如磁碟機等外部儲存設備又取代了磁帶，但是本質上並沒有改變。它們都儲存了很長很長的由 0 和 1 組成的數字，有些數字代表數值、有些數字代表機器碼。

　　讓我們今天能夠不再直接寫機器碼，而可以用比較有人性的英文字母與符號來「寫程式」的先驅，是一位英雌：耶魯大學最早的女數學博士之一、後來官拜美國海軍少將的 Grace Hopper。她本來是電機型計算機程式設計師 (*programmer*)，後來轉行到電子計算機當然也不費功夫。她想，既然電腦能 3.06 處理「任何」以二進制數字形式給它的資料，何不將文字也編碼成二進制數字給電腦處理？再者，既然電腦可以處理文字，何不用人類感到比較友善的文字來寫程式，然後用另一個已經做好的程式來幫我們將文字轉換成機器碼？

　　現在我們都知道，文字編碼的最基礎範例就是 ASCII，ASCII 提供了程式語言所需的文字和符號，依照程式語言之語法寫成的文件就是原始碼，幫我們將原始碼轉換成機器碼的就是編譯器。如今看來一切如此平常，在 1950 年代初期，Grace 可是費了好大一番功夫才說服主管單位撥款給她研究這個想法的可能性。她當年研發的程式語言，後來發展成銀行金融業界常用的 COBOL 語言。幾乎與 Grace 同時，IBM 公司也指派了一位剛拿到數學學士文憑的年輕人 John Backus 從頭開始研究程式語言。學歷不是成功的必要條件，Backus 創造 3.08 了理工類學術研究者常用的 FORTRAN 語言。

低階與高階程式語言

在哲理上，比較接近實體的稱為「具體」，比較遠離實體的稱為「抽象」。計算機的實體就是電路，因此機器碼是最「具體」的程式語言，越遠離實體的語言，就是越「抽象」的程式語言。讀數學的時候，我們常想要躲避比較抽象的語言；但是寫程式的時候，我們卻樂於趨向比較抽象的語言。

　　比較具體的程式語言稱為低階語言，比較抽象的程式語言稱為高階語言。最低階的語言就是機器碼，所有程式語言最終一定要換成機器碼，才能用來操縱電腦的 CPU 執行工作。次低階的是組合語言 (*assembly language*)，也就是直接與機器碼一一相對的程式語言；它至少還是使用文字符號來寫，總比直接寫一串 0 跟 1 好一點吧 (但是讀者可以想像，這也好不到哪裡去)。組合語言的原始碼被組譯 (*assemble*) 成機器碼，做組譯的程式稱為組譯器 (*assembler*)。

在組合語言之上，所謂低階或高階的程式語言就沒有明確的分割標準了，而是一種相對的形容詞。直譯式語言通常比編譯式語言高階一點，例如 C 比較低階、Matlab 套裝軟體提供的程式語言比較高階。物件導向語言通常比程序性語言高階，例如 C++ 比 C 高階，而一般認為 Java 更高階一點。

使用越高階的語言讓人感覺越方便：能在短時間內製造可用的程式。但是越高階的語言就需要越多層次、越複雜的步驟才能轉譯成機器碼，因此這樣產生出來的程式可能含有較多累贅的機器碼，因此浪費 CPU 時間和記憶體空間，以至於在電腦中執行得比較沒有效率。一名有能力的程式設計師，的確能用低階語言寫出較小、執行得較快的程式，但是這樣的人才較少，況且寫一個程式所耗費的時間和精力也較多。我們可以這樣說，高階語言耗費電腦的效率來換取人腦效率，而低階語言耗費人腦的效率來換取電腦效率。所以，選用哪種語言來寫程式，是一種妥協性的決定。

巨集

組合語言與機器碼一一對應，所以用組合語言寫程式相當冗長。因此組譯器提供一種比較方便的作法：將常用的字串或語句以一個巨集 (*macro*) 代替，當組譯器處理巨集的時候，會將它「展開」成原來的字串。

我們不打算詳細介紹組合語言，所以在此選擇以 TeX 來解釋巨集。TeX 有個核心指令是 \displaystyle，如果您覺得輸入這個長指令太累了，可以用 \def\dsp{\displaystyle} 定義一個巨集 \dsp，它展開成 \displaystyle。在原始碼中如果寫了 \frac{\dsp pi^2}{\dsp 6!}，它被編譯的時候會先展開巨集，也就是變成 \frac{\displaystyle pi^2}{\displaystyle 6!} 然後才進行編譯。

巨集的定義可以再包含其他巨集，例如 \def\bighalf{\frac{\dsp 1\}{\dsp 2} 定義一個巨集 \bighalf，而排版指令 (\bighalf)^2 會被展開成 (\frac{\displaystyle 1\}{\displaystyle 2})^2。巨集的展開程序會一直做到最底層為止，也就是不再有巨集需要被展開的時候。

巨集還能夠接受參數。例如用尖括號來排版向量 u, v 之內積的指令是 \$\langle \vec u, \vec v\rangle\$，結果就是 $\langle u, v \rangle$。如果經常要輸入內積，可以定義巨集 \def\innprod#1#2{\langle #1, #2\rangle}，以後只要寫 \$\innprod{\vec u}{\vec v}\$ 就行了，TeX 在展開巨集的時候，會將 #1

展開成 \innprod 之後第一對大括號內的字串，例如 \vec u，而 #2 展開成第二對大括號內的字串，例如 \vec v。

TeX 語言提供了 300 多個核心指令 (保留字和算子)。我們的確可以直接使用核心指令來排版，但是這樣做可能極為繁雜。LaTeX 其實是由 400 多個巨集所組成的新語言，稱為巨集套件 (*macro package*)。所謂 LaTeX 編譯器其實是一個能夠將 LaTeX 巨集展開到底層的程式，然後再由 TeX 的核心指令來真正地排版。相對來說，原始語言通常比較低階而巨集套件通常比較高階，例如 TeX 核心語言比較低階而 LaTeX 排版語言比較高階。

不是所有語言的解讀器或編譯器都讓人可以撰寫巨集，並且在解讀或編譯之前展開巨集。例如 HTML 的解讀器就不支援巨集。但是有一些套裝軟體，雖然本身並非語言，卻支援巨集。譬如您在 vi 編輯器內可以定義巨集 @ncu 使得您若用鍵盤輸入 @ncu 則 vi 就將它展開成 National Central University。大多數支援巨集的解讀器或編譯器，都會防止無窮展開。例如像 \def\gnu{\gnu is not unix} 這種巨集，理論上應該無窮展開，但實際上會被制止。

腳本

所謂腳本 (*script*) 是把本來要每次一句寫給某個軟體去執行的指令，預先寫好存在一個純文字檔案裡面，就像演戲的劇本一樣，讓那個軟體按照腳本一句接著一句地執行整批指令。這種執行模式稱為批次模式 (*batch mode*)，相對地，輸入一句指令並且等到結果出來之後再輸入下一句指令的操作模式，稱為互動模式 (*interactive mode*)。

一般情況下，我們以互動模式在文字操作介面中工作：寫一句指令，按一下 Enter 執行它，等電腦做完、顯示結果，而提示號與游標再度出現，才寫下一句指令。以下舉 Matlab 為例，來說明文字操作介面與腳本程式之關係。

```
>> c=complex(1,-1);
>> z=c;
>> z=z^2+c;
⋮  (重複上面那句指令七遍)
>> z=z^2+c;
>> abs(z/c)
```

假如我們想要實驗 Mandelbrot 迭代的效果。也就是任取一個複數 c、譬如 $c = 1-i$，令 $z_0 = c$ 並定義 $z_n = z_{n-1}^2 + c$，想要看看 $|z_9|/|c|$ 有多大。那麼，在 Matlab 視窗內的操作介面上，該要輸入如左的指令，其中 >> 代表 Matlab 的提示號。您想想，如果現在要對另一個複數 c 做

同樣步驟的實驗，豈不是要把上面十二條指令 (省略了七條沒有印出來) 全部重

新輸入一遍？與其這麼辛苦，不如使用腳本吧。左邊的腳本，寫著除了定義 c 的那一句指令以外的 11 條指令，因為那第一條指令是要隨時改變的，這樣才能方便地針對不同的複數 c 做同樣實驗。腳本必須存檔，譬如取名叫做 mandel9.m。那麼，在 Matlab 介面內，只要說 mandel9 它就會去執行那個腳本內的 11 條指令，就好像您逐一將指令鍵入介面內並且逐一按 Enter 一樣。譬如說現在想要實驗 $c = 1 - \frac{3}{2}i$ 的情況，就只要重新定義 c 然後呼叫 mandel9 那個腳本就行了，如左邊寫在腳本下面的那樣。同理，爾後只要重新定義 c 然後呼叫 mandel9 就能重複做實驗了。

```
z=c;
z=z^2+c;
z=z^2+c;
z=z^2+c;
z=z^2+c;
z=z^2+c;
z=z^2+c;
z=z^2+c;
z=z^2+c;
z=z^2+c;
abs(z/c)
```

```
>> c=complex(1,-1.5);
>> mandel9
```

腳本看起來像是用直譯式語言寫的程式：它不被編譯成可以獨立由作業系統啟動的可執行檔案，而必須被另一個執行中的軟體解讀。但是在概念上，腳本不一定要是一種程式語言，只要某個軟體能夠以批次模式操作，我們就能為它寫腳本。除了 Matlab 套裝軟體之外，MySQL、Maple 以及 UNIX 和 MS-Windows 的文字操作介面，也都能接受腳本而以批次模式執行工作。

流程控制

我們曾經說，像 HTML、SQL 這些語言並非「真的」程式語言。它們缺了什麼呢？兩個主要功能：流程控制 (*flow control*) 和子程式 (*subprogram*)。

所謂流程，就是指令被執行的順序。就像前面的 Matlab 腳本一樣，是以寫在檔案內的指令先後順序來決定流程：寫在上面的先做、下面的後做，一列一列地依序執行。這就是最基本的流程。

但是，如果程式語言只能容許一列接著一列依序執行的指令，那麼它的功能就恐怕要歸零了。例如前面那個計算 $|z_9|/|c|$ 的程式，就得要寫 11 列；那如果要計算 $|z_{100}|/|c|$，豈不是需要寫 102 列！在 1840 年代，Babbage 和 Ada 就已經體認到這個道理，並且寫了下來：

　　自動計算機的真正重要之處，是它可以重複執行一套給定的程序。

　　其重複次數可以在計算前確定，也可以依計算結果而臨時決定。

『程式設計的核心技術在於重複』這個說法並不誇張。為了要重複，就必須突破「一列接著一列依序執行」的基本流程，所以程式語言必須提供流程控制的

語法和指令。語法 (*syntax*) 是一套組合字符的規則，那是看不到的；而指令就是一套固定的字彙，稱爲保留字 (*reserved word*) 或者關鍵字 (*keyword*)。程式語言規定的保留字通常不多，例如 C 語言只有 32 個保留字。if, then, else, for, while, do 和 goto 都是程式語言通常用來做流程控制保留字。

```
z=c;
for i=1:9
    z=z^2+c;
end
abs(z/c)
```

Ada 和 Babbage 所謂「在計算前確定次數」的重複方式，一般稱爲 *for* 迴圈 (*for-loop*)。Matlab 套裝軟體其實提供了一套「眞正」的程式語言，用 Matlab 語言的 for 迴圈改寫前面的腳本，就會縮減成 5 列；而且，哪怕要計算 $|z_{100}|/|c|$ 也是 5 列，只要把程式內的 9 改成 100 就行了。

現在換個例子，用 C 語言的 for 迴圈來計算 9!。暫時忽略變數宣告，原始碼就

```
fac=1;
for (n=1; n<=9; n=n+1) {
    fac=fac*n;
}
```

像左邊那樣。這個迴圈相當於讓 fac 那口箱子儲存了 $1 \times 1 \times 2 \times 3 \times 4 \times 5 \times 6 \times 7 \times 8 \times 9$ 也就是 9!。理論上，只要把 n<=9; 那句話改成 n<=81; 就能計算 81!。但實際上因爲資料

型態的限制，事情並沒有這麼簡單，留待下一講並配合線上教材詳述。

而所謂「依計算結果而臨時決定」重複次數的方式，一般稱爲 *while* 迴圈 (*while-loop*)。除了 for 和 while 兩種迴圈，還有一種 do-until 迴圈。三種迴圈語法其實都能交換使用，意思是說：如果某個問題可以用 for 迴圈解決，那麼它也可以用 while 或 do-until 迴圈來解決；其實還可以用 if-goto 來解決，但這是不被欣賞的寫法，建議不要使用。因此，選擇使用哪種迴圈的考慮因素，

```
n=9;
fac=1;
while (n>0) {
    fac=fac*n;
    n=n-1;
}
```

除了經驗和習慣之外，大概就只有美感了。例如我們也可以用 C 語言的 while 迴圈來計算 9!，就像左邊。這種寫法相當於讓 fac 儲存了 $1 \times 9 \times 8 \times 7 \times 6 \times 5 \times 4 \times 3 \times 2 \times 1$ 也就是 9!。同樣地，如果把 n=9; 那句話改成 n=81; 理論上也應該可以計算 81!，但是實際上仍然不行。

除了迴圈以外，第二類的流程控制是分岔 (*branching*)。這種流程並沒有重複，而是檢查某種條件：若是符合條件，則做這些指令；如果不符合，就做那些指令。因此，根據當時的情況，有些指令可以被跳過沒有執行，這樣也突破了「一列接著一列依序執行」的基本流程。稍後舉例。

最後一類的流程控制就是子程式，有些語言稱之爲副程序 (*subroutine*)，

有些稱之爲函式 (*function*)，還有一些 (像 FORTRAN) 則兩者都有。不論叫什麼名字，其意義相同：就是讓主程式 (*caller*) 暫停動作，將某些數值傳遞給子程式讓它執行，等到子程式做完了，主程式才繼續動作。即使並不盡然正確，但是如果將子程式視爲有如數學函數般的函式，倒也是雖不中亦不遠矣：一個函式 (就像數學函數一樣) 接受一個、兩個或許多個變數當作輸入，然後回傳 (*return*) 它的計算結果。

函式

程式語言提供一定數量的算子 (*operator*) 執行數值計算，這些算子都以 ASCII 字符中非字母、非數字的符號表示。例如 +, -, *, / 和 = 都是程式語言常用來當作算子的符號。雖然算子、保留字和語法就足以提供一套完備的語言讓人寫程式，但是這樣做可能極爲繁雜，因此程式語言也都提供一些「基本函式」讓人使用。譬如 C 語言有 printf() 函式簡單地排版輸出訊息，也有 pow() 函式執行次方計算 (與 Matlab 語句 2^3 相當的 C 語句是 pow(2,3))。

　　習慣上我們在函式名字之後加上一對小括號，就像 pow()，使它有別於變數的名字。在寫程式的時候，變數名或函式名都不能與保留字重複，而一個名字也不能同時用來代表變數又代表函式。

　　將函式視爲函數可以直覺地了解它的功能。例如 x=pow(2,3)-1; 這個語句要先計算 pow(2,3)-1 的值，那麼就會先執行 pow(2,3)，回傳 8。所以前面那個語句就會變成 x=8-1; 然後把 7 指派給 x。

```
int fac(int n) {
    int p=1;
    while (n>0) {
        p=p*n;
        n=n-1;
    }
    return p;
}
```

如果程式語言提供的基本函式不敷使用，我們可以自己創造新的函式。譬如 C 語言沒有計算階乘的函式，我們可以自己寫一個稱爲 fac() 的函式。以 C 語言爲例，左邊就是 fac() 的一種寫法，稱爲 fac() 的定義。它的第一列就告訴我們：fac() 需要一個整數型態的參數 (*parameter*) n，而它回傳一個整數型態的數值。fac() 必須要從主程式，也就是呼叫 (*call*) 它的程式，獲得 n 的數值。如果一個程式裡面寫了 x=fac(9); 這句話，則它呼叫了 fac()，所以 fac() 就是它的子程式，而它是 fac() 的主程式。在這個例子裡，我們說 9 是傳給 fac() 的引數 (*argument*)。

　　函式本身也是一個程式。程式之間的主從關係是相對的：身爲子程式的函

式可以再呼叫其他函式，於是它自己又相對地成為主程式。可見程式的主從關係，就像檔案夾和網路名稱一樣，又形成一個樹狀結構，整棵樹上的程式相連結成為一個完整的「程式」。這棵樹上有一個唯一的根，而這套程式就從根程式的第一句話開始執行。

```c
int facr(int n) {
    if (n>0)
        return n*facr(n-1);
    else
        return 1;
}
```

某些程式語言 (包括 Matlab 和 C) 不但容許函式呼叫其他函式，甚至容許它呼叫自己。這種特殊的「重複執行一套給定程序」的方法，叫做遞迴 (*recursion*)。例如 n! 又可以定義成 $0! = 1$ 而且 $n! = n \times (n-1)!$，前述的 n 都是指正整數。上面的 facr() 便是根據這個想法寫成的函式，它運用了遞迴技巧，也是 if-else 分岔流程的一個範例。

函式與腳本的基本不同，在於腳本是在主程式中「展開」，例如在 Matlab 操作介面中執行 mandel9 就好像把 mandel9.m 內容之 11 列指令逐一寫在介面中一樣。而函式有如另外用一張計算紙，把引數從主程式抄到計算紙去，在那邊算完了再把答案抄回主程式，然後那張臨時計算紙就被扔掉了。

程式設計

拿自然語言 (例如中文、英文) 來類比程式語言，保留字和基本函式就像是字彙，算子就像是標點符號或標誌，而語法就像文法。相對來說，程式語言比自然語言簡單得多。以 C 語言為例，它只有 32 個保留字、134 個基本函式和 32 個算子，而它的所有語法可以在 50 頁以內寫完。您或許很難想像，用這麼簡單的語言可以撰寫像 UNIX 作業系統這麼複雜的軟體，但是這的確是事實。

學習程式語言，其實就像學習自然語言一樣，要從基本的字彙、符號和語法開始學習。學習任何語言的不二法門，就是一方面要觀摩大量的句型、例句和經典文章，而另方面要經常練習，並且參照經典文章來改善自己的作文。

然而，就像識字的人未必能夠寫出通順達意的文章一樣，學會了程式語言的字彙和語法，未必可以寫出有用的程式，更別談效率和美麗了。所謂程式設計就是把數學或演算法的邏輯，運用程式語言寫成可以解決問題的原始碼。在這個觀點上，學習程式語言就變得比較像學習數學：是一種思維方法的學習。就像數學解題一樣，程式設計者必須先釐清問題，然後選擇適切的工具與概念，並且用合邏輯且有效率的方式組合那些工具與概念，用以解決問題。

D我們想像程式意義的「變數」是一口箱子。程式語言的編譯或解讀軟體除了要知道這口箱子的名字之外，還要知道它的資料型態 (*data type*)，才能正確存取箱子裡面的值。有些語言要求所有變數在使用前必須先宣告 (*delcare*) 其型態，C 語言屬於此類，例如 int n; 就宣告了 n 是 int 型態的變數。另一類語言，例如 Matlab，則容許變數「隨呼即用」：只要指派數值給一個名字就好；如果那個名字是第一次被指派，Matlab 就當場創造一口箱子出來，而其資料型態就由放進去的數值來決定。

一個程式最終要把資料交給 CPU 處理，而 CPU 的電路實際上能夠處理的資料型態其實很少，只有幾種數值資料而已。表面上看起來電腦能夠處理五光十色的資料，還能夠利用「軟體計算」做非常多位數的四則運算，但是實際上都是利用 CPU 提供的少數幾種基本資料型態完成的，而且這些基本型態在概念上全都代表數值：在電腦的內部，萬般皆是數！這一講的主題，就是介紹這少數幾種基本的資料型態。

無號整數

每一種資料型態佔用固定多個位元，它可以表達 (也就可以儲存) 有限多種不同的數值。資料型態佔用的位元數，稱為它的資料含量，通常以字元 (byte) 為單位。最最基本的資料型態就是無號整數 (*unsigned integer*)，它能夠代表 0 和某個範圍內的正整數。無號整數的資料含量通常有 1、2、4 和 8 拜這四種，依序記做 N_1、N_2、N_4 和 N_8。

無號整數的位元排列方式，就是很自然地將十進制整數換底而成二進制整數，如第 0 講所述。以 N_1 為例，因為 $108 = 1101100_b$，所以 N_1 表達 108 的位元排列就是 01101100。N_1 可以表達 0 到 255 這 2^8 個整數。若想要表達更多的正整數，只好使用更多字元。例如 N_2 可以表達 0 到 65535 這 2^{16} 個整數。依此類推，N_4 可以表達 0 到 $2^{32} - 1$ 這四十二億九千多萬個整數 (這也差不多是二十世紀末的人口總數)，而 N_8 可以表達 0 到 $2^{64} - 1$ 這些整數。現在常見的電腦都至少支援 N_1、N_2 和 N_4，而 64 位元電腦則應該會支援 N_8。

那些需要「先宣告」的程式語言，都有特定的保留字來宣告無號整數資料型態。以 C 語言為例，對應 N_1、N_2、N_4 和 N_8 的資料型態依序是 unsigned char, unsigned short, unsigned int 和 unsigned long。

整數

整數又稱為有號整數 (*signed integer*)，就是一種可以記錄某範圍內之正、負整數的資料型態。有號整數的資料含量通常有 1、2、4 和 8 拜這四種，依序記做 $\mathbb{Z}_1$、$\mathbb{Z}_2$、$\mathbb{Z}_4$ 和 $\mathbb{Z}_8$。以 C 語言為例，宣告這些有號整數資料型態的保留字依序是 char, short, int 和 long。

　　整數資料型態經常用二補數記數法來規定位元排列和數值的對應。我們先定義補數和二補數。給定一個位元排列 x，定義 x 的補數 (*complement*) 就是將 x 中的 0 都換成 1、1 都換成 0，記做 $\mathcal{U}(x)$。例如 $\mathcal{U}(11010110) = 00101001$。而定義 x 的二補數 (*two's complement*) $\mathcal{T}(x) = \mathcal{U}(x) + 1$，例如 $\mathcal{T}(11010110) = 00101010$。

　　所謂二補數記數法，就是將位元排列的 MSB 當作正負號：MSB 為 0 代表正整數或零、MSB 為 1 代表負整數。當 MSB 為 0，它代表的數值就和無號整數的解讀方式一樣，例如 $\mathbb{Z}_1$ 之 01101100 代表 108。當 MSB 為 1，它代表著以其二補數之無號整數數值為絕對值的負整數。例如 $\mathbb{Z}_1$ 之 11010110 代表 -42，因為 $\mathcal{T}(11010110) = 00101010$ 之無號整數數值為 101010_b 亦即 42。

　　$\mathbb{Z}_1$ 資料型態所能表現的最大整數是 01111111 亦即 127，最小整數是 10000000 亦即 -128。所以 $\mathbb{Z}_1$ 可以表達或記錄 -128 到 127 這 2^8 個整數。依此類推，$\mathbb{Z}_2$ 可以記錄 -32768 到 32767 這 2^{16} 個整數，$\mathbb{Z}_4$ 可以記錄 -2^{31} 到 $2^{31} - 1$ 這 2^{32} 個整數，而 $\mathbb{Z}_8$ 可以記錄 -2^{63} 到 $2^{63} - 1$ 這 2^{64} 個整數。

二進制小數與科學記數法

首先，我們按照對位記數系統的規則，定義 K 進制小數為

$$(0. \, d_1 \, d_2 \ldots d_m)_K = \frac{d_1}{K} + \frac{d_2}{K^2} + \cdots + \frac{d_m}{K^m} \tag{1}$$

其中 d_i $(1 \le i \le m)$ 是 K 進制的數目字。當 $K = 10$ 就是我們熟悉的十進制小數，而 $K = 2$ 是二進制小數。根據 (1) 式，可以輕易地將二進制小數轉換成十進制小數。例如

$$.100101_b = \frac{1}{2} + \frac{1}{2^4} + \frac{1}{2^6} = .578125$$

利用 (1) 式也可以將十進制小數轉換成二進制小數。若 $0 < x < 1$，想要取得 x 的二進制小數 $(. \, d_1 \, d_2 \ldots)_b$。令 $y = 2x$ 而 $[y]$ 是 y 的整數部分，則 $[y] = 0$ 或 1。根據 (1) 式 $[y] = d_1$。然後令 $x \hookleftarrow y - [y]$ 以同樣步驟可以得到 d_2。

1.19

		整體而言，計算 $0 \leq x < 1$ 之二進制小數的
0	給定 $0 \leq x < 1, n \hookleftarrow 1$	演算法如左。事實上，這個演算法也反映了
1	如果 $x = 0$ 停止，否則繼續	小數在實數線上的意義。
2	$d_n \hookleftarrow [2x]$	
3	$x \hookleftarrow 2x - d_n$	回顧十進制之科學記數法，若 $x \neq 0$，存在
4	$n \hookleftarrow n + 1$	唯一的整數 n 使得 $x = \pm d_0 . d_1 d_2 \ldots \times 10^n$，
5	回到步驟 1	其中 d_i 是十進制數目字，但規定 $d_0 \neq 0$。

$d_0 . d_1 d_2 \ldots$ 稱為底數 (*mantissa*)，n 稱為指數 (*exponent*)。例如 0.00314 的
科學記號是 3.14×10^{-3}，而 2004 的科學記號是 2.004×10^3。

浮點數

所謂浮點數 (*floating-point number*) 資料型態，就是表達二進制科學記數法

$$\pm 1 . d_1 d_2 \ldots d_m \times 2^n \tag{2}$$

的位元排列；其中 d_i 是 0 或 1，而 n 是一個整數。浮點數的資料含量通常
有 4、8、10 和 16 拜這四種，依序記做 $\mathbb{F}_4$、$\mathbb{F}_8$、$\mathbb{F}_{10}$ 和 $\mathbb{F}_{16}$。$\mathbb{F}_4$ 稱為單精
度 (*single precision*) 浮點數，$\mathbb{F}_8$ 稱為雙精度 (*double precision*) 浮點數，而
$\mathbb{F}_{10}$ 和 $\mathbb{F}_{16}$ 都稱為超精度 (*extended precision*) 浮點數。以 C 語言為例，用
float 和 double 宣告單精度和雙精度浮點數資料型態，而不論 $\mathbb{F}_{10}$ 還是 $\mathbb{F}_{16}$
都用 long double 宣告。因為 CPU 最多只會提供 $\mathbb{F}_{10}$ 或 $\mathbb{F}_{16}$ 其中之一，所以
這種宣告方式不至於混淆。

不論哪種精度的浮點數資料型態，都用 MSB 來表達正負號：0 代表正號、
1 代表負號。根據 (2) 式，底數部分用 m 嗶來表達。$\mathbb{F}_4$、$\mathbb{F}_8$、$\mathbb{F}_{10}$ 和 $\mathbb{F}_{16}$ 依序
定義 m 為 23, 52, 63 和 112。而剩下的位元，依序有 8, 11, 16 和 15 嗶，就用
來表達指數部分。

浮點數以平移 (*excess*) 記數法來表達指數部分的整數。假設有 p 個位元用
來表達指數：$n_1 n_2 \ldots n_p$，本來應該可以表達 2^p 種不同的指數，但是我們將
$00\cdots000$ 和 $11\cdots111$ 這兩種位元排列保留作其他用途，所以總共有 $2^p - 2$ 種
不同指數。先將表達指數的 p 個位元以無號整數解讀，再減去 (平移) $2^{p-1} - 1$
即為指數 n；例如 $011\cdots111$ 表示指數 0。

指數的位元排列全都是 0 的特殊情況表示次正規 (*subnormal*) 浮點數：

$$\pm 0 . d_1 d_2 \ldots d_m \times 2^{2-2^{p-1}} \tag{3}$$

注意 (2) 式的整數部分必然是 1，因此不能表達 0.0。不過根據 (3) 式，當指數與底數的位元排列全都是 0 的時候，若 MSB 爲 0 就表示 0.0，若 MSB 爲 1 則表示 −0.0。

　　指數的位元排列全都是 1 的特殊情況，當底數位元全都是 0 時表示 $\pm\text{Inf}$ ($\pm\infty$: 正負無限大)，否則表示 NaN (not a number: 不定數)。例如 $1.0 \div 0.0$ 會得到 Inf，而 $-1.0 \div 0.0$ 會得到 −Inf。凡是應該用 l'Hôpital rule 求極限的計算，答案都是不定數。例如 $\pm 0.0 \div 0.0$ 和 Inf − Inf 都是 NaN。

　　以下我們一律拿 $\mathbb{F}_8$ 做例子，讀者應該可以舉一反三，自己推導 $\mathbb{F}_4$、$\mathbb{F}_{10}$ 和 $\mathbb{F}_{16}$ 的相對應狀況。以下這個位元排列

$$\overbrace{\text{指數}}\qquad\qquad\overbrace{\text{底數的小數部分 52 位}}$$
$$0\ \underbrace{10000000001}\ \underbrace{0111001000000000000000000000000000000000000000000000}$$

之 MSB 爲 0，代表正號；指數是 $10000000001_b - 1023 = 2$。因此它代表

$$+1.0111001_b \times 2^2 = 101.11001_b = 4 + 1 + \frac{1}{2} + \frac{1}{4} + \frac{1}{32} = 5.78125$$

$\mathbb{F}_8$ 的最大指數是 $11\cdots110$，表示 $(2^{11} - 2) - (2^{10} - 1) = 2^{10} - 1 = 1023$。因此 $\mathbb{F}_8$ 所能表達的最大正數是

$$\max|\mathbb{F}_8| := 1.\overbrace{111\cdots1}^{52\text{ 個}}{}_b \times 2^{1023} = 2^{971}(2^{53} - 1) \approx 1.7977 \times 10^{308}$$

同理，讀者應可推論 $\mathbb{F}_8$ 在正規定義 (2) 之下的最小正數是

$$\min|\mathbb{F}_8| := 2^{-1022}(1 + 2^{-52}) \approx 2.2251 \times 10^{-308}$$

但是 $\mathbb{F}_8$ 所能表達的眞正最小正數是一個次正規數

$$\text{submin}|\mathbb{F}_8| := 0.\overbrace{000\cdots0}^{51\text{ 個}}1_b \times 2^{-1022} = 2^{-1022} \times 2^{-52} \approx 4.9407 \times 10^{-324}$$

很明顯地，$\mathbb{F}_8$ 只包含了有限多個有理數，亦即 $\mathbb{F}_8 \subset \mathbb{Q}$。在實數線上，$\mathbb{F}_8$ 在 $\min|\mathbb{F}_8|$ 與 $\max|\mathbb{F}_8|$ 之間「一叢一叢」地均勻分佈：對每一個整數 $k \in [-1022, 1023]$，在 $[2^k, 2^{k+1})$ 區間內均勻分佈了 2^{52} 個雙精度浮點數。

　　任給一個正實數 $x \in \mathbb{R}$，如果要放進電腦裡面做計算，就一定要先把 x 「化約」成浮點數，記做 $f\ell(x)$。一般而言 $f\ell(x) \approx x$ 而不盡相等。

若 $0 < |x| < \mathrm{submin}|\mathbb{F}_8|$ 則令 $f\ell(x)$ 為 0.0 或 -0.0 (視 x 原來的正負情況而定)，稱為遜位 (*underflow*)。若 $|x| > \max|\mathbb{F}_8|$ 則令 $f\ell(x)$ 為 Inf 或 $-\mathrm{Inf}$，稱為溢位 (*overflow*)。否則就取 $f\ell(x)$ 為「最靠近」x 的浮點數。例如 $\frac{1}{10} = 0.0\overline{0011}_b = 1.\overline{1001}_b \times 2^{-4}$ 在二進制是個無窮循環小數，$f\ell(0.1)$ 的底數部分只能取 13 個 1001 循環節，按照四捨五入 (*rounding*) 的原則，截去的部分若寫成小數則為 $0.\overline{1001}_b$，因為它大於 $\frac{1}{2}$ 所以進位，因此

$$f\ell(0.1) = 1.1001100110011001100110011001100110011001100110011010_b \times 2^{-4}$$

可見 $f\ell(x) \in \mathbb{F}_8$ 和 $x \in \mathbb{R}$ 之間幾乎一定存在著誤差。這種「無可避免的誤差」肇因於機器的有限性，稱為機器誤差 (*machine error*) 或浮點數誤差。$f\ell(x)$ 和 x 之間的絕對誤差 (*absolute error*) 隨著 x 本身的大小而變：

$$\text{當 } x \in [2^k, 2^{k+1})，\text{絕對誤差} = |x - f\ell(x)| \leq \frac{1}{2} \cdot 2^{k-52}$$

但是它們之間的相對誤差 (*relative error*) 卻有固定的上界：

$$\text{相對誤差} = \frac{|x - f\ell(x)|}{|x|} \leq \frac{1}{2} \cdot 2^{-52} = 2^{-53}$$

例如 $|0.1 - f\ell(0.1)| = (2 - 1.\overline{1001}_b) \times 2^{-54} = \frac{6}{15} \times 2^{-54} = \frac{1}{5} \cdot 2^{-53} \leq 2^{-53}$。

浮點數計算

在 CPU 中，針對每一種資料型態，都有一套獨立的電路來執行它的四則運算。譬如加法，對於無號整數、整數或浮點數資料型態，各有一套電路，專司其職。譬如若 $x, y \in \mathbb{F}_8$，有一個特殊的 $+_{\mathbb{F}_8}$ 電路專門做 $x +_{\mathbb{F}_8} y$ 之浮點數加法；減、乘、除法，亦復如是。

如果 x 和 y 不是同一種型態的資料，例如 $x \in \mathbb{N}_4$ 而 $y \in \mathbb{F}_8$，則它們不能用 $+_{\mathbb{F}_4}$ 相加。必須要將它們轉換成同一種資料型態，電腦才能執行加法。我們通常不必為這種細節操心，程式語言的編譯器應該能按照某種規則自動為我們轉換。以前面的例子而言，合理的作法是將 x 轉換成 $\mathbb{F}_8$ 型態，然後用 $+_{\mathbb{F}_8}$ 執行加法。更詳細的情形，應該參考各程式語言的設計規則。

我們此刻不必瞭解加法電路的真實設計，但是可以想像 CPU 有一張計算紙，當他要做兩個浮點數的四則運算時，會先將這兩個數抄到計算紙上，做「正確」的計算，然後將答案「化約」成浮點數放回電腦的記憶體。亦即

1.32

$$當\ x, y \in \mathbb{F}_8 , x +_{\mathbb{F}_8} y = f\ell(x + y)$$

減、乘、除法,亦復如是。普通情況下,浮點數的計算結果雖然帶著「無可避免的誤差」,但是總是和正確答案相差無幾。不過,若是遇到極端情況,就會獲得看似令人驚訝的計算結果。以下舉三個例子。

若令 $x = 2^{-538} \in \mathbb{F}_8$,則 $x > 0$,但是計算 x^2 居然得到 0。這是因為 $x^2 = 2^{-1076} < \mathrm{submin}|\mathbb{F}_8|$,故 $f\ell(x^2) = 0$。再者,若令 $\epsilon = 2^{-52}$,則 $\epsilon > 0$ 而且 $\epsilon/2 > 0$ 都成立,但是若令 $s = 1 + (\epsilon/2)$ 檢查 $s > 1$ 竟然不成立。這是因為

$$1 + 2^{-53} = 1.\overbrace{00\cdots01}^{52\ 個}{}_b \times 2^0$$

$f\ell(1 + 2^{-53})$ 把小數點下第 53 位的 1 捨去了,因此 $f\ell(1 + 2^{-53}) = 1.0$。但是,$1 - (\epsilon/2) < 1$ 卻是成立的。這是因為

$$1 - \frac{\epsilon}{2} = 1 - 2^{-53} = \frac{1}{2} + \frac{1}{2^2} + \frac{1}{2^3} + \cdots + \frac{1}{2^{53}} = 1.\overbrace{11\cdots1}^{52\ 個}{}_b \times 2^{-1} \in \mathbb{F}_8$$

所以 $f\ell(1 - (\epsilon/2))$ 恰好得到正確答案。

針對不同的浮點數型態,我們定義機器精度 (*machine epsilon*)

$$\mathrm{mach}_\epsilon := \min\{0 < x \in \mathbb{F}_* \mid f\ell(1 + x) > 1\}$$

其中 * 代表 4、8、10 或 16。在今天常見的 CPU 上 $\mathrm{mach}_\epsilon = 2^{-m}$,讀者可以依照以上定義寫一個程式來測試特定 CPU 的 mach_ϵ。機器精度與數值計算的誤差分析有重要的關聯。一個最基本的原則,就是若將浮點數以十進制數字表達,則至多只有 $|\log_{10} \mathrm{mach}_\epsilon|$ 個有效數字是可靠的。因此,$\mathbb{F}_4$、$\mathbb{F}_8$、$\mathbb{F}_{10}$ 或 $\mathbb{F}_{16}$ 計算出來的十進制數字,只有 6 位、15 位、18 位或 33 位的有效數字是可靠的。對於科學和工程類的計算問題,$\mathbb{F}_4$ 的有效位數太少,$\mathbb{F}_{16}$ 消耗的電腦資源太多,軟體計算固然能夠獲得任意多的有效位數,但是目前還是太慢,因此科學家和工程師大多採用 $\mathbb{F}_8$ (也就是雙精度浮點數) 做計算。

整數計算

整數計算的結果不必像浮點數那樣經過「化約」步驟,因此只要計算結果還在資料型態的可表達範圍之內,就沒有誤差。但是當它超出範圍時,就可能錯得很離譜。著名的西元 2000 年時序問題,就是肇因於這種錯誤。

    整數計算都有個特性，就是如果計算結果的位元數超過資料型態的含量時，CPU 的電路設計通常會截取低位的位元，而捨棄超出的位元。對整數的加、減、乘而言，就會有「循環」效果。以下我們只用 $\mathbb{N}_1$ 和 $\mathbb{Z}_1$ 做例子，讀者可以自己推廣到其他整數資料型態。

    無號整數的加法，就是拿它們的位元排列做二進制整數加法。例如

$$250 + 71 = \dfrac{\begin{array}{r} 11111010 \\ +\ 01000111 \end{array}}{101000001} \Big|_8 = 01000001 = 65 \qquad \text{(假設用 } \mathbb{N}_1 \text{ 計算)}$$

其中 $\big|_8 =$ 表示「截取最低的八位元」。現在，讀者不難理解，何以在 $\mathbb{N}_1$ 中計算 $255 + 2$ 會得到 1。相反地，無號整數的減法，會自動從左方借位。因此在 $\mathbb{N}_1$ 中計算 $1 - 2$ 會得到 255。

    很明顯地，補數的補數就回到原來的位元排列，亦即 $\mathcal{U}(\mathcal{U}(x)) = x$。而且，若 x 是一個 n 嗶位元排列，則 $x + \mathcal{U}(x) = 2^n - 1$，那麼 $\mathcal{T}(x) = \mathcal{U}(x) + 1 = 2^n - x$。因此 $x + \mathcal{T}(x) = 2^n$，所以

$$\text{如果 } x \in \mathbb{Z}_1，則\ x + \mathcal{T}(x) \big|_8 = 0 \qquad\qquad (4)$$

而且，二補數的二補數也會回到原來的位元排列：

$$\mathcal{T}(\mathcal{T}(x)) = 2^n - \mathcal{T}(x) = 2^n - (2^n - x) = x \qquad\qquad (5)$$

性質 (4) 使得若 $x \in \mathbb{Z}_1$，只要使用無號整數的加法，就符合了 $x + (-x) = 0$；而性質 (5) 使得 $-(-x) = x$ 成立。CPU 不需要為有號整數製造減法電路。若 $x, y \in \mathbb{Z}_1$，則將 x 和 $\mathcal{T}(y)$ 做無號整數加法，再取 $\big|_8 =$，就得到 $x - y$ 的結果。例如 (假設 7 和 13 用 $\mathbb{Z}_1$ 表達)

$$7 - 13 = 7 + (-13) = \dfrac{\begin{array}{r} 00000111 \\ +\ 11110011 \end{array}}{11111010} = \mathcal{T}(00000110) = -6$$

但是如果計算的結果超過了 $\mathbb{Z}_1$ 的可表達範圍，也會出現「循環」效果。我們留給讀者去驗證，在 $\mathbb{Z}_1$ 中計算 $127 + 1$ 得到 -128，在 $\mathbb{Z}_1$ 中計算 $-128 - 1$ 得到 127。

    為了避免整數的加、減、乘計算發生「循環」性的錯誤，我們使用資料含量較大的型態，例如 $\mathbb{N}_4$ 或 $\mathbb{Z}_4$。此外，我們還要提醒讀者，$\mathbb{F}_8$ 擁有 52 嗶的底數，外加一個小數點前面的 1，而且它另外用一個位元來記錄正負號。所以，利用 $\mathbb{F}_8$ 來做整數計算，其可靠範圍是 $\pm 2^{53}$ 之內。這個範圍略小於 $\mathbb{Z}_8$ 可表達

的整數範圍，但是遠大於 $\mathbb{Z}_4$ 的範圍。如果使用 $\mathbb{F}_{16}$ 來做整數計算，那麼可靠範圍就擴大到 $\pm 2^{113}$。

　　整數的除法計算，其實是求整數商。若不整除，不會算出小數部分。所以 $17 \div 3$ 的整數除法結果是 5。這個性質有時候還頗有用處。例如當 $0 < a, b \in \mathbb{Z}_1$，則 $a - (a \div b) \times b$ 的整數計算結果，就是 a 除以 b 的餘數。

資料型態

電腦只能用位元排列來記錄資料，而這些排列必須被賦予解讀的規則，才能表達有意義的概念。程式語言用資料型態來指定位元排列的解讀規則；資料型態也決定了程式原始碼所實際對應的機器碼。例如同樣是 x+y，若 x 和 y 都是整數型態、跟 x 和 y 都是浮點數型態，所對應的機器碼是不同的。

　　任何程式語言都至少支援 CPU 能夠實際處理的基本資料型態。不論是要求撰寫程式的人明白宣告，或者是由編譯或解讀器根據前後文而代為判定，寫在原始碼中的每一個常數與變數，都會被賦予一個資料型態。不同的是，有些程式語言 (例如 C) 要求每一個變數都要先宣告型態，有些則根據變數第一次被指派的數值來決定它的型態。有些程式語言一旦決定了變數的型態之後，就不讓使用者輕易更改，有些則盡量提供變更型態的方便，甚至會自動代為更改。譬如有些程式語言，會在做整數除法的時候，如果能整除則讓答案也是整數型態，而如果不整除，就自動將除數與被除數轉換成浮點數型態，算出商的小數部分。越是「友善」的程式語言，就越能「自動」地幫我們做決定。這種設計的程式語言降低了學習門檻，或許也提高了生產力，但是犧牲了電腦的執行效率，也提高了程式偵錯 (*debug*) 的難度。

　　除了基本的資料型態之外，程式語言或多或少還具備特殊語法，讓人設計衍生 (*derived*) 資料型態。最常見的衍生型態就是陣列 (*array*)：一維陣列相當於向量、二維陣列相當於矩陣。有些物件導向 (*Object-Oriented*) 程式語言 (例如 C++)，不但提供豐富的創造衍生資料型態的語法，還能根據型態的特質而重新定義算子符號 (例如 + 號) 的作用。

　　電腦只能用有限多個位元排列表達有限多種不同的概念。但是無論整數或實數，都有無限多個。電腦的「有限性」先天障礙，永遠無法移除。使用含量較高的資料型態，雖不能根治問題，卻可以減輕痛苦。事實上，由於人類的活動本來就是有限的，所以電腦的有限性，倒也不至於嚴重影響他的實用性。

從前面的十四講，我們陸續建立了中央處理器 (CPU)、記憶體 (RAM) 和周邊設備的概念，也知道電腦「會」做的任何工作，都只是按照某種資料型態的規則來操弄位元排列，然後透過適當的周邊設備表現出來而已。現在，我們再度整理這些概念，由外而內地認清程式、資料和記憶體之間，以及 CPU 和記憶體之間的關係，並以一部簡化的虛擬電腦來示範這些關係。

周邊設備

大致可以分成輸入、輸出和儲存三大類。電腦內部只儲存、也只能處理被視為二進制數字的電子訊號。任何訊號，必須先放在記憶體裡面，才能夠被電腦處理。訊號可以經由輸入設備放進記憶體，也可以由儲存設備載入；電腦處理的結果，可以經由輸出設備展現，也可以交由儲存設備貯放。透過各式各樣的輸入設備，就好像電腦知道了人的意志或真實世界的狀態。透過各式各樣的輸出設備，電腦可以表現得就像一個能說會畫能歌善舞而且還有判斷力的生命體。

　　譬如鍵盤和指標器 (滑鼠、軌跡球或觸控板) 是最基本的輸入設備，它們將文字符號或平面上的位置以數位訊號的形式傳給電腦。透過掃描機、數位照相機或攝影機，可以將圖畫或自然景觀轉換成數位圖像或視訊，也可以將類比形式的聲波轉為數位音訊。讀者想必對於娛樂領域常見的搖桿、駕駛盤、狙擊槍和把手等器具並不陌生，而專業領域中有各種特殊的儀器，能將諸如心跳與血壓、腦神經電位變化、外太空電波訊號、氣溫壓力與濕度等等訊息，轉換為數位訊號輸入電腦；它們都是輸入設備。這些各司其職的設備看來包羅萬象，但是最終都要將訊息轉換成位元排列，傳送到電腦的某個特定位置暫存，等待著被載入記憶體，然後才能做後續的處理。

　　監視器、印刷機和揚聲器是最基本的輸出設備。能夠舉重若輕或者刻芒雕髮的機器手，能在平面上移動自如的履帶，甚至能夠上下樓梯的關節，都已經是工業領域常用的輸出設備。有些輸出設備能夠刺激除了視覺和聽覺以外的感官，例如座椅的運動可以造成重力加速度的感覺；在作者的有生之年，希望能夠送出一封會散發氣味的電子郵件。不論這些輸出設備看起來多麼活靈活現，它們都是按時到電腦的某個特定位置，取來被放在那裡的位元，然後根據位元的排列而決定自己的反應。

　　硬碟機和光碟機是最基本的儲存設備，它們又可以分成裝置 (device) 和載

體 (media)。數位訊號眞正儲存在載體上，而裝置從載體讀資料傳給電腦，或者將電腦傳來的資料寫入載體。通常以快閃記憶體 (*flash memory*) 爲載體的所謂「隨身碟」也是常見的儲存設備 (它其實沒有碟)。數位相機裡的記憶卡、行動電話裡的晶片卡、儲存個人電子憑證的晶片卡，都是載體，它們需要通稱爲「讀卡機」的裝置來讀寫。網路的實體層照理說也是周邊設備，但是它與電腦的互動關係自成一格，通常被另外討論。就功能而言，網路可以被視爲一種儲存設備，就好像一台非常非常大的硬碟。

2.17

主機板

想像電腦是一座城池，但是機殼並不是城牆；機殼其實和電腦一點關係也沒有，它只是方便把許多零件固定在一起的空盒子罷了。電腦的主體是主機板 (*motherboard*)，一道虛擬的城牆圍在主機板的邊界上，周邊設備都被屏除於城牆之外，透過城內的收發窗口將資訊傳入電腦、或者從電腦獲得指示。城外有許多小廝，專門奔走在特定的周邊設備和窗口之間。小廝們送進窗口的、和從窗口拿走的，都是二進制數值。城外的機構必須以事先和城內主人約定的形式，將資料送進窗口。至於城外的機構如何取得訊息？而拿走資料之後，又用什麼形式呈現了訊息？城內的主人既不關心也管不著。

主機板提供一套基礎建設，就像城市裡的水電和交通網，外加一座鐘塔。連接城內各處設施的交通路線，通稱爲匯流排 (*bus*)。它的寬度相當於馬路有幾條線道，決定了能夠被同時傳輸的位元量，不但影響電腦的整體效能，也關係到主機板上能夠安裝多少記憶體。

這整座城池都聽著鐘聲辦事。主機板上的所有電子都好像在玩「一二三木頭人」：鐘聲響起就開始動，下一個鐘響前就要到達定位停下來。所以，在電腦裡面，不但所有的物質都是離散的 (一粒一粒非 0 即 1 的位元)，就連時間都可以認爲是離散的：我們稱兩次敲鐘之間的時段爲一個單位時間 (*clock cycle*) 簡稱爲「一個時間」。鐘塔的敲鐘頻率，也就是時頻 (*clock rate*) 通常以兆赫 (MHz: megahertz) 爲單位，也就是每秒一百萬 (10^6) 次。所以當時頻是 33MHz 時，一個時間就大約是 30×10^{-9} 秒或 30 奈秒 (ns: nanosecond)。

1.39

匯流排的頻寬 (*bandwidth*) = 寬度 × 時頻，亦即每秒能夠傳輸的位元量。例如寬度爲 32 嗶、時頻爲 33MHz 的匯流排，頻寬爲 132 Mbyte/sec (每秒 132 百萬拜)；跟時間單位有關的時候，M 所代表的 mega 是 10^6 而非 2^{20}。

在主機板的基礎建設之上的建築物，可以分成三大類：收發室、記憶體和中央處理器。所謂收發室就是連接周邊設備的插座和暫存佇列等相關設施。在一般 PC 的主機板上，最基本的有直流電、內接軟/硬磁碟機與光碟機、監視器、鍵盤、滑鼠、並行埠和序列埠插座，也可能會有網路線的 RJ-45、通用序列埠 (USB: Universal Serial Bus) 以及耳機和麥克風的插座。只要看到這些插座，就表示主機板上已經備妥了相關的收發設施；如果沒有，就要自己購買相關產品，安插在擴充槽 (expansion slot) 上。

2.04

其實電腦裡外到處都是記憶體：例如暫存佇列就是記憶體，記著開機程序和其他「本能」的 ROM 也是記憶體，隨身碟、印刷機和數位相機裡面都有記憶體。為了有所分別，主機板上當作 RAM 使用的記憶體又稱為主記憶體 (main memory)。除非特別聲明，一般所說的記憶體就是指主記憶體。所謂收發設施，通常與主機板一起裝配販售，其他設施就不是了；板子上只有空蕩蕩的腳座 (socket)。記憶體或 CPU 的晶片 (chip) 被封裝 (package) 在長方形的硬殼子裡面 (通常是黑色的)，伸出十幾枝或幾百枝細細的插腳 (pin)。CPU 與記憶體除了插腳必須與主機板的腳座相容之外，更重要的是它們的速度也要與時頻相配，才能達到最高的經濟效益；否則總有一邊的效能被浪費了。

4.16

主記憶體

裝配完成的主機板上，CPU 如皇宮般雄踞一方，記憶體則像一間一間的工廠整齊羅列。不管安插了幾顆記憶體，邏輯上它們是一個接著一個的盒子，每個盒子存放一個字元；以十進制無號整數來記，就是存放一個從 0 到 255 的整數。每個盒子有它自己的編號，也就是記憶體位址 (address)，用連續的無號整數從 0 開始編號。寬度 32 的匯流排可以至多編到 $2^{32} - 1$ 號，因此至多可以有 2^{32} 個位址，每個位址儲存一字元，因此記憶體總量可達 2^{32} 拜或者 4GB。但是主機板不一定支援那麼大的容量，就算支援你也不一定要裝滿它。

雖然字元是記憶體的最小單位：CPU 一次至少要存或取一整個字元，不能只取半個字元或其中的三個位元，但它並不一定是最小傳輸單位。當匯流排的寬度是 32 嗶，原則上一次可以傳輸 4 拜。CPU 與主記憶體之間同時可以傳輸的資料量，稱為字組 (word)，字組的大小，通常就是匯流排的寬度，不同的機器就有不同的設計，如今常見的是 16、32 或 64 嗶。

記憶體儲存或讀取一個字元，總需要花一點時間。這個硬體反應的時間

加上匯流排傳輸的時間，稱為記憶體的存取時間 (*access time*)，通常以奈秒為單位。其實，主機板的時頻分為「內頻」和「外頻」，外頻才是匯流排的時頻。而不同設施之間的時頻又可能不同，一般所指的外頻，是我們最關心的 CPU 與記憶體之間的時頻。高的外頻與快速的記憶體反應時間，總之就是為了降低存取時間。

所謂內頻是指 CPU 的時頻，通常是外頻的倍數。例如，在一張外頻是 33MHz 而內頻是其 4 倍的主機板上，可以安裝 132MHz 的 CPU。在時頻為 132MHz 的 CPU 裡面，一個時間大約是 8 奈秒。所以如果存取時間是 80 奈秒，則每當 CPU 下達『讀某號盒子』的指令後，要等待十個時間才能拿到那個盒子裡的字元，下一個時間才開始處理它。在那十個時間，CPU 處於空轉狀態，甚麼事也沒做。

當然，只要加速存取時間，就能減少 CPU 時間的浪費。但是礙於技術和成本，我們無法讓全部記憶體都能快得與 CPU 同步，只能設法讓小容量的快取 (*cache*) 記憶體，快到幾乎跟上 CPU 的速度。快取記憶體可能是主機板上另一個獨立裝置，也可能與 CPU 一起被封裝在同一個黑盒子裡面。不論如何，在概念上，CPU 不必知道外面有沒有快取，它只管下達『讀某號盒子』的指令，至於那盒子裡的資料是怎樣傳過來的，就留給別人去煩惱了。

每當 CPU 要求讀取某個位址的內容，如果它恰好在快取裡面，就是命中 (*cache hit*)，則 CPU 可能立即或者只等待兩三個時間就拿到資料了。如果漏失 (*cache miss*)，也就是 CPU 要求的資料不在快取裡面，快取就得要到主記憶體去拿資料，把指定位址和它附近某個範圍內的資料全部抄進來，賭看看下次 CPU 要求資料的時候，它會不會已經在裡面了。一旦發生漏失，就要花更多時間來傳輸資料和整理快取，因此 CPU 會等待比沒有快取更長的時間。

整體而言，如果執行當中發生快取命中的次數遠超過漏失的次數，程式就會跑得更快；但是如果相反，有快取反而比沒有更糟。提高快取命中的比率，其實是程式設計師的責任：要盡量使用鄰近的變數。譬如剛使用過序列中的 3 號元素，接著應該盡量使用 3 號附近的元素，而不要跳到 1003 號去。又譬如 FORTRAN 語言的陣列 (雙足標序列) 是「行導向」，而 C 語言是「列導向」，所以用 FORTRAN 語言寫矩陣計算程式的時候，應該盡量一次處理一行的資料，反之如果用 C 語言，就要盡量一次處理一列的資料。

關於記憶體的另一個程式設計的細節，是電腦其實一次傳輸一個字組。例如當字組是 4 拜時，則每次傳輸的是位址為 $4n, 4n+1, 4n+2$ 和 $4n+3$ 的四個字元。所以，當程式宣告了一個 $\mathbb{Z}_1$ 型態的變數 (例如 C 語言的 char)，如果它的數值放在 1002 號位址，則當 CPU 需要它的時候，其實電腦可能得傳輸 1000, 1001, 1002 和 1003 號的資料，並且額外地將 1002 號篩選出來；這樣就會浪費時間。有些電腦會讓那個含量為 1 拜的變數擴大佔據連續 4 個位址，所以其實使用 $\mathbb{Z}_1$ 並沒有節省記憶體，它所佔的空間和 $\mathbb{Z}_4$ 是一樣的。程式設計師要知道這些硬體的特性，才能做出對整體最有利的設計。

由這些簡單的例子，可見想要提昇電腦的整體效能，實在不是只採購快速的 CPU 就能完事，而是所有硬體設備的協調，再配上精細設計的程式。

中央處理器

中央處理器又稱為邏輯運算單元 (**ALU**: Arithmetic-Logic Unit)，我們要電腦執行的任何工作，最終都由它完成。CPU 基本上由許多條電路組成，每一條負責一種特定的邏輯或算術計算。每條電路需要一筆或兩筆輸入資料，資料通過電路之後，依照某種規則變成輸出的位元排列。例如一條對 $\mathbb{Z}_1$ 資料做二補數的電路，會將一筆輸入 11010110 輸出成 00101010。而一條對 $\mathbb{Z}_1$ 資料做加法的電路，會將兩筆輸入 00001111 和 00101010 輸出成 00111001。

每條電路都應該有它自己的輸入漏斗和輸出籃子。但是，經過巧妙的電路設計，CPU 內的所有電路可以使用一些暫存器 (*register*) 作為它們共同的輸入漏斗和輸出籃子。所有資料，一定要先放進主記憶體，才能經過匯流排被傳送到暫存器。而只有暫存器裡面的資料，才會掉進電路，真的被處理；處理後的資料，也只會被送回暫存器。基於製造成本和設計效率的考量，CPU 內只有少數幾個暫存器；少得令人驚訝，譬如只有 4 個。因為很少，所以新的輸入資料，要一再地從記憶體傳進來，而剛處理好的輸出資料，也要趕快送出去給記憶體保存。所以資料在記憶體與 CPU 之間的傳輸，是如此之頻繁。

根據定義，暫存器的容量應該就是一個字組，但實際上存在權宜的設計。當資料含量填不滿暫存器時，就會補零，而不能在暫存器裡面放兩筆資料。例如將 $\mathbb{N}_1$ 資料放進 32 位元暫存器，會填補 24 個零位元。

所謂 64 位元電腦，意思就是它的 ALU 可以直接做 64 位元的計算。這種電腦當然應該要搭配 64 位元的匯流排和暫存器，才能一次傳送一筆雙精度浮

點數 ($\mathbb{F}_8$) 或兩筆整數 ($\mathbb{Z}_4$) 資料，於是跟 ALU 的功能相得益彰。但是當它處理含量較小的資料時，就可能出現時間或空間的浪費。對於需要大量數值計算的科學、工程或影音娛樂軟體，64 位元電腦將會有所發揮；但是對於處理文字或整數爲主的工作，可能沒太多幫助。

雖然電腦看起來會做那麼多種事情，讀者可能會很驚訝地發現，CPU 裡面其實只有大約兩百條電路！這還包括看似重複的電路：對不同型態的輸入資料做同樣的事情。例如加法，至少對於兩筆 $\mathbb{Z}_4$ 或兩筆 $\mathbb{F}_4$ 輸入資料，就要各有一條做加法運算的電路。對人而言，都是相加，但是對電子而言，必須是兩條迥異的電路。這就可以說明，爲何設計程式時需要宣告變數的型態：這樣才能確定要放進哪一條電路去做計算。

在兩個不同型態的數值做運算前，因爲沒有那種電路，所以編譯器必須先幫你做型態的轉換。例如 n 是 $\mathbb{Z}_4$ 而 x 是 $\mathbb{F}_4$ 型態的變數，則用程式語言寫 n+x 是輕而易舉的，但是編譯器要先將 n 轉換成 (盡量) 等值的 $\mathbb{F}_4$ 資料，然後才能使用 $\mathbb{F}_4$ 的加法電路做計算；計算的結果是 $\mathbb{F}_4$ 型態。如果 n 的數值過大 (例如超過 2^{24})，轉換型態的過程當中就可能有誤差了。所以，做兩個不同型態數值的四則運算，是不良的程式設計習慣。

那麼，爲甚麼不全用同一種資料型態就好了呢？因爲隨著資料含量的大小，計算電路的複雜程度不同，所以電子從輸入端跑到輸出端所需的時間也就長短不同。讀者不難想像，做 $\mathbb{N}_1$ 加法的電路，肯定要比做 $\mathbb{F}_8$ 加法的電路簡單得多，所以前者的執行速度肯定比後者快。而且，當記憶體不多、空間很寶貴的時候，使用小含量的資料型態也有其必要性。當你既不在乎時間也不在乎空間的時候，的確可以整個程式全部用最大可能的型態，例如 $\mathbb{F}_8$ 甚至 $\mathbb{F}_{16}$。

ALU 的電路設計哲學分成兩大陣營：複雜指令集 (**CISC:** Complex Instruction Set Computer) 和精簡指令集 (**RISC:** Reduced ...)。粗略地說，CISC 的時頻較快，但是它的電路未必都能在一個時間內完成計算；例如 $\mathbb{N}_4$ 的乘法電路需要一個時間，但是 $\mathbb{F}_8$ 的要四個時間。RISC 的時頻較慢，換來的是每條電路都可以在一個時間內完成計算；不論 $\mathbb{N}_4$ 還是 $\mathbb{F}_8$ 的乘法電路，都一樣只需要一個時間。但是電腦除了基本的四則計算以外，還有其他的例行工作值得製成 ALU 電路，尤其是當電腦有越來越多關於影音多媒體的計算需求時。CISC 提供較多的指令，雖然有些工作可以只用一個指令就能完成，但是

那個指令卻可能要花費好幾個時間。RISC 提供較少的指令，雖然需要連續好幾個指令才能完成較複雜的工作，但是每個指令都只花費一個時間。所以，整體而言，這兩種設計究竟誰優誰劣呢？也許就像生活哲學或投資哲學一樣，實在是個充滿取捨而難有定論的問題。

機器碼

既然電腦只能辨認位元排列，指揮 CPU 工作的指令當然也得用位元排列來表示，每個指令都還可能需要搭配一個或兩個參數。例如從記憶體位址 n 起，連續拿 4 個位元到暫存器 x 是一條指令，其中 n 是一個參數，而如果要拿到暫存器 y 則是另一條指令。又例如把暫存器 x 和 y 送進 $\mathbb{Z}_4$ 加法電路，並指定輸出放回 x，又是一條指令，其中 x 和 y 是兩個參數 (輸出一定放回輸入端的第一個暫存器)。一部 CPU 也不過只有大約兩百條像這樣的指令。把指令和參數合併成一串位元排列，就稱為機器碼或 opcode (*operating code*)。

1950 年以前，寫電腦程式的人直接寫出代表機器碼的編號，翻譯成二進制數，打到紙帶上 (上面有打了洞或沒打洞的格子孔)，電腦捲入紙帶而獲得機器碼。後來人們將機器碼對應成文字代號，一個碼對應一句簡短的文字，比較容易撰寫和理解。因為組合語言和機器碼有簡單的對應，所以只需要簡單的程式就能組譯成機器碼。現在我們大多使用高階語言寫程式，越高階的語言就需要越複雜的編譯程式，才能有效地轉換成對應的機器碼。總之，不論如何設計程式，最終只有機器碼能夠儲存在記憶體裡面，而 CPU 根據它們的指揮做事。如果有必要，今天還是可以直接用組合語言或甚至機器碼來設計程式。

這裡馬上有一個問題：機器碼和各種型態的資料，都是以位元排列的形式儲存在計算機裡面，電腦要如何分辨，到底誰是資料，誰是指令呢？一般的解決方法是，讓指令從記憶體的前面往後寫，譬如購票，先到的排在前面，往位址大的方向存放新指令；讓資料從記憶體的後面往前寫，譬如置薪，先到的放在後面，往位址小的方向存放新資料。儲存指令的記憶體稱為指令段 (*instruction segment*)，儲存資料的稱為資料段 (*data segment*)，其他的是可用記憶體 (*free memory*)。只要確保指令段的最後位址不超過資料段的起始位址，就不會搞混了。

機器碼從記憶體傳到 CPU 之後，並不會被放進暫存器，而是直接被解碼然後就執行了。此處所謂的解碼，是指將機器碼那一串位元拆解成指令和參數

兩段，而根據不同的指令，參數又可能再被拆成兩段。所謂執行當然就是啓動那些電路了。

　　CPU 有一個特別的記憶空間，稱爲程式指標 (**PC: Program Counter**)，存放著下一個將要執行的機器碼位址。當機器碼的長度超過 1 拜，必定會放在連續的幾個位址內，而 PC 所指的位址，就是那些連續位址之中的第一個。例如機器碼的長度都是 4 拜，當 CPU 執行 4000 號機器碼時，PC 就自動被設定成 4004，也就是 4000 號的下一個機器碼。所以原則上 CPU 是依照機器碼存放在記憶體內的順序，一個接著一個地執行。

　　若是嚴格地依序執行，CPU 如何實現程式語言中的流程控制？秘訣就在於有一個指令可以改寫 PC 的內容，把下一個應該執行的指令位址，直接寫進 PC 裡面，就可以跳去執行任意一個指令了。程式語言都提供六種邏輯比較：$>$、$<$、$\geq$、$\leq$、$=$ 和 $\neq$。讀者不妨想想，其實只需要其中兩個 (例如 $>$ 和 $=$) 就能組成其他四種邏輯比較。利用這兩種邏輯比較，再配合改寫 PC，一共三個指令而已，就足以實現所有高階語言的流程控制！至於函式的呼叫與回傳，還牽涉到作業系統，就不便在此說明了。

BCC16VM

爲了讓讀者具體看到 CPU 的運作模式，並且有機會體驗程式語言和機器碼之間的對應關係，我們創作了一部簡單的虛擬電腦，名叫 BCC16VM，放在網路教材內。BCC16VM 只支援一種資料型態：N_1，針對這種型態有 $+$、$-$、$\times$ 和 $\div$ 四條計算電路。它的周邊只有一個簡單的監控螢幕 (console)，用來輸出少數幾個符號和 255 以內的無號整數。雖然它的主記憶體有 32 拜，但是已經規定了 16 拜屬於指令段，16 拜屬於資料段，兩者不能互相流用。雖然指令必須從 0 號開始往後放，但是資料倒可以隨便放，不一定要從 15 號開始往前放。BCC16VM 一共只有 16 個指令，機器碼的長度一律是 8 嗶：前 4 嗶是指令 (編號 0000—1111)，後 4 嗶是參數；所以一個指令就放在一個位址內。

　　讀者若覺得這一講的內容難以想像，最好試著用 BCC16VM 實際操作看看。雖然它的功能非常簡單，但是本質上已經具備一般 CPU 該有的功能了。電腦軟體利用周邊設備所展現的花花虛擬世界，從文字圖像到聲光動畫，其本質都僅是這些非常單純的，以二進位數字表現的資料和指令而已。親手體驗之後，相信您會更感佩二十世紀的後半段，電腦軟體的神速進步。

F質問計算機是不是「眞的」會計算,就好像質問飛機是不是眞的會飛?如果堅持要用羽和翼才算飛翔,飛機當然不能;但是就功能與需求而言,有必要堅持這些生物的性質嗎?類似地,計算機到底會不會算?應該要從功能的表現來檢視。這本書到了這裡,已經知道電腦之內「萬般皆是數」,而且都是二進位的數。就拿最基本的兩個 (二進位) 一位數的相加計算爲例,被加數和加數都各只有兩種可能:0_b 或 1_b,所以一共有四種計算問題:

$$0_b + 0_b, \quad 0_b + 1_b, \quad 1_b + 0_b, \quad 1_b + 1_b$$

「窮舉」所有狀況的結果:

$$0_b + 0_b = 0_b, \quad 0_b + 1_b = 1_b, \quad 1_b + 0_b = 1_b, \quad 1_b + 1_b = 10_b$$

如果有一塊電路板,具備兩條輸入的線路,兩條輸出的線路,每條線路一次僅傳送一個位元:代表 0_b 或 1_b 的電流訊號。參照下圖,如果左上方的線輸入被加數,右上方的線輸入加數,下方的兩條線代表輸出,從左讀到右表示一個 (二進位) 二位數。如果,對於全部四種可能的輸入,這塊電路板的輸出如下所示:

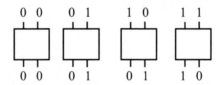

那麼,就行爲的結果而論,它的確「會」做 (二進位的一位數) 的加法。換個觀點來說,在「二進位一位數」的範圍內,我們找不到判定它「不會」做加法的證據。電子計算機就是在這種意義之下而「會」計算的。

　　但是電腦當然「看」不到 0_b 或 1_b,那是我們的符號。在電腦裡,所謂的 0_b 和 1_b 是兩種不同電壓的直流電。這一講想要說明,像上圖的電路板,如何將兩條輸入的電流變成好像「會」做加法的輸出電流。

電源供應器

打開電腦機殼,會看到一個非常醒目的單元:電源供應器 (**PSU**: *Power Supply Unit*)。PSU 通常搭配著一支散熱風扇,整部電腦發出最大噪音的就是它了。其功能就是將電力公司傳送到家家戶戶的交流電 (稱爲市電) 轉換成直流電,也就是像電池發出來的電,供應給主機板、CPU、和各種周邊設備使用。電腦的開關通常設在機殼的正面,但是電源線總是接在背面的 PSU 上。

　　除了擔任整流器 (把交流電轉換爲直流電) 的功能以外，PSU 還要降低市電的電壓，並維持電壓與電流的穩定性。以常見的桌上型個人電腦爲例，PSU 通常提供三種電壓的直流電：3.3V、5V、12V，其中 V 是電壓單位：伏特。相對於臺灣的市電電壓 110V 或中國的市電電壓 220V，電腦內部的工作電壓是很低的。在 PSU 的規格表上，經常會依輸送各種電壓的軌道 (又稱電軌，*rail*) 分別標示它能輸出的最大電流量：以安培 (A) 爲單位。電壓乘以電流就是功率，當兩者分別以 V 和 A 爲單位時，功率以瓦 (W) 爲單位。基本上，所有電軌的最大輸出功率總和，就是該 PSU 的輸出功率。PSU 的型號經常「暗示」它的輸出功率，但它畢竟只是型號而非規格，還是要小心別受到型號的誤導。

　　討論電腦及周邊設備之電流的時候，也可能看到毫安培單位 (mA)，也就是千分之一安培的意思。例如 USB 傳送的電流是 500mA 或者 900mA，也就是 0.5A 或 0.9A；但是當 USB 單純用於充電時，它可以傳送 1.5A 的電流。而 USB 採用的電壓都是 5V，所以當它單純用以充電，最大耗電量就是 $5 \times 1.5 = 7.5$W。

⟶
2.19

　　早期的 CPU 使用 PSU 提供的 5V 直流電，後來因爲電晶體變小了而改成較低的 3.3V 直流電。但是當 CPU 裡面的電晶體密度做得越來越高，電路越來越細，它變得很脆弱而需要比 3.3V 更低的電壓，比如說 2V。另一方面，越來越複雜的 CPU 也將消耗更多的電流，比如說 100A。要從「遠方」的 PSU 傳輸那麼大量的低壓直流電給 CPU，有技術上的困難，所以後來的主機板會在 CPU 附近另設一個轉換器，接收 12V 的電軌而輸出適合特定 CPU 使用的低壓電。如此一來，電腦裡的大多數元件，都採用 12V 軌了；這就是 PSU 分配最多電流給 12V 軌的原因。

　　有些電腦在關機之後，可以透過網路而遠端喚醒 (**WoL**: *Wake-on-LAN*)。也有一些電腦，只要按一下鍵盤或者動一下滑鼠，就會開機。這表示，即使在關機狀態，電腦其實仍然持續掃描部分的周邊設備，例如鍵盤、滑鼠或網路。尤有甚者，有些電腦，在關機之後還能提供 USB 充電服務。這些功能都是因爲電腦即使在所謂的關機或休眠狀態，仍可能繼續從特殊的 5V 待用電軌 (5Vsb: 5V standby) 取得電源。只要沒有關掉 PSU 的硬體開關，或者切斷市電，即使「關機」的電腦，也有可能正在消耗 1W 甚至 10W 的電。當然這還是比開著電腦等待遠端連線節省能源，大家應該善用 WoL 功能。

電晶體與數位電路

整個 CPU 就是一個龐大的電路，以 PSU 提供的低壓直流電作爲電源，透過接地、二極體、電晶體、電容和電阻這些基本電子元件的搭配，工程師可以讓這個複雜電路的每一部分，都按照某個時鐘的節拍而同步運作。而且，每一截電路上的電壓，要不是高的，譬如 1.5V 以上，要不就是低的，譬如 0.5V 以下。每一截電路上的低壓或高壓電，就分別被我們記爲 0 或 1 了。雖然「電」和「時間」都是連續體，但是在 CPU 裡面，可以將它們理解成離散的。容許電壓連續變化的電路，稱爲類比電路 (*Analogue Circuit*)，例如用在音響擴大機裡面的電路；相對地，只辨識兩種 (或有限多種) 電壓的電路，就稱爲數位電路 (*Digital Circuit*)。CPU 是一個龐大的數位電路。

許多人玩過或看過電路板，學生和業餘嗜好者可以在上面組裝自己設計的電路；在那上面，電路清晰可見，而電晶體和其他電子元件也都是手摸得著的東西。但是，像 CPU 這麼複雜的電路，可能使用超過 10 億個電晶體。如果每個都是肉眼可見、手指可捏的尺寸，它將需要一片邊長超過 90 公尺的正方形電路板！物質原料的純化與高精密的生產技術，可以製造超小型的電路板，稱爲積體電路 (**IC**: *Integrated Circuit*)。因爲 IC 通常是在所謂的晶圓 (*wafer*) 上製造的，所以又稱爲晶片 (*chip*)。採用「晶」這個字，是爲了反映晶圓的材料通常是「結晶」型態的矽。採用結晶矽的原因，是它的導電性介於導體與絕緣體之間，或者說結晶矽是一種半導體 (*semicondictor*)。縮小成高密度的積體電路之後，10 億個電晶體的數位電路就可能安置在邊長 2 公分的晶片上。臺灣就是世界上最重要的晶片產地之一。

半導電性是某些物質的一種特性，此特性的物理與化學基礎是在十九世紀末發現的。許多科學家與工程師直覺它將有很了不起的用途，所以雖然當時還沒有具體的應用，卻都趕緊申請了專利。然而這些早期的專利，都還來不及獲利就已經過期了。鍥而不捨地繼續鑽研，在 1947 年發明「電晶體」的單一事件上達到頂峰，從而扭轉了二十世紀後半的世界面貌，爲美國創造了新一波的財富，使得戰後的美國眞正在科技與經濟雙方面，都站上了領先全球的位置。

電晶體 (*transistor*) 實在是個不幸的中文翻譯，無法讓人望文生義，反而有製造神秘感的效果。其英文原文看似 transit，不過就是輸送、通過的意思，可見它是一個控制電流通路的元件。Transistor 是一個被創造的新字，它是由

transfer (轉換) 和 resistor (電阻) 合併而來，意指一種可以將電阻轉換成通路的元件；也就是說，它是個電路上的開關。我們都熟悉電路上的開關，例如控制桌燈亮或滅的開關。但這些開關是被動的，總要有人去按它一下。電晶體的基本功能，就是可以用一個微弱的電流去開或關那個電路，使得它成為一個主動的開關，可以根據電路上的電流而自己決定其開關。透過這些開關，電路上的電就可以控制它自己的流動路徑了！這就是一切「自動化」的源頭。

　　但是電晶體的偉大之處並不在其功能性的突破：自動開關的功能已經由眞空管實現了。眞空中的特殊導電現象，是愛迪生發明電燈泡之後發現的。這個令人驚奇的副產品，後來應用於三極眞空管，進而創造了自我控制的電子電路。第 0 講介紹過世界上第一部 (可變程式) 電子計算機 ENIAC，就是在此基礎之上建造的。電晶體與眞空管，在功能上可謂完全一樣，但是電晶體大幅地縮小體積、降低耗能，於是才能有積體電路，也才能有一手可以掌握的智慧型手機。所以電晶體的偉大在於技術層面，而不是科學或數學層面的。如今，每個人都親身體會到，技術又如何轉過頭來形塑數學、科學、藝術和社會。所以，當然不可忽視技術層面的重要性。

　　半導體的原理與電晶體的應用，還有製造 IC 的程序，雖然都是很有趣的題材，但顯然超出了這本概論的範圍。以下，我們還是回到「電腦究竟怎麼算？」這個問題吧。

邏輯閘

所謂邏輯閘 (*logic gate*) 是由基本電子元件組成的小模組，其輸入電位與輸出電位之間的關係規則，可以解釋為數學的邏輯運算 (*logic operation*)。在觀念上，邏輯閘成為數位電路設計的最小單位，設計者可以用邏輯觀念來思考，而不必觸及實際的電子元件。相對於算術運算作用在無窮多種數值上，邏輯運算只作用在兩種狀態上：眞或僞，記作 T (*True*) 或 F (*False*)；也有人說「眞、假」或「成立、失敗」。

　　就像算術運算有四種基本運算規則：加、減、乘、除，分別以算術算子 (arithmetic operator) 記作 ＋、－、×、÷，邏輯運算有三種基本運算規則：非 (NOT)、且 (AND)、或 (OR)，分別對應邏輯算子 (*logic operator*) ¬、∧、和 ∨。因為邏輯運算只處理兩種狀態，所以邏輯算子的演算規則，可以用窮舉的方式定義。數學已經發展了一種表格，用來窮舉邏輯運算的定義或規則，稱

1.41

為眞值表 (*Truth Table*)。以下，我們用眞值表定義三種基本邏輯運算。

p	¬p		p	q	p∧q		p	q	p∨q
T	F		T	T	T		T	T	T
F	T		T	F	F		T	F	T
			F	T	F		F	T	T
			F	F	F		F	F	F

NOT 只作用在一個元素上，因此它是「一元運算」；就像算術的「負」運算 $-a$ 得到 a 的相反數，也是一元運算。而 AND 和 OR 就是「二元運算」了，就像算術的 × 和 ＋ 也是二元運算。一元運算應該有一個輸入，例如 p，和一個輸出，也就是 ¬p；二元運算應該有兩個輸入，例如 p 和 q，和一個輸出，例如 p∧q。

AND、OR、NOT 是讓人可以顧名思義的邏輯運算，它們對應語言邏輯的意義。譬如 p 代表「領有身心障礙手冊」，如果將領手冊的人定義爲身障者，其他人定義爲普通人，意思就是說，一個人的 p 狀態若爲眞，則爲身障者，而若 ¬p 爲眞則爲普通人；而且每個人的 p 或 ¬p 必有一者爲眞。再譬如 q 代表「年滿廿歲」，則可以定義 q 爲眞者爲成年人，而 ¬q 爲眞者未成年。像 p、q 這樣，可以客觀判定眞僞的敘述，稱爲命題 (*proposition*)。¬p 讀作「非 P」。

承上，如果某份職業只招募成年身障者，意思就是只有 p∧q 爲眞者才能申請。只要 p 和 q 其中之一不成立，例如 15 歲的身障者或者 25 歲的普通人，都沒有申請資格。但如果某項社會福利涵蓋未成年人或者身障者，則凡是 ¬q∨p 爲眞者都能申請，例如 15 歲的普通人和 40 歲的身障者都可以申請，當然 15 歲的身障者也行；但是對於 ¬q 和 p 都不成立者，例如 40 歲的普通人，因爲 ¬q∨p 爲僞，所以不能申請。

對應語言邏輯的意義之後，AND、OR、NOT 的眞值表定義是很容易理解的，也就不必背誦了。

將邏輯算子對應到邏輯閘，則一元運算的邏輯閘有一條輸入線路，二元運算的邏輯閘就要有兩條輸入線路，它們都該有一條輸出線路。我們習慣將邏輯的 True 狀態對應爲數位電路的 1 電位，而 False 對應 0。邏輯閘的眞實外形，不一而足，甚至是肉眼看不到的。但是，就像流程圖和建築設計圖都有些標準的圖示，電路設計圖也有標準的邏輯閘圖示。例如次頁上方是 NOT、AND、OR 三種邏輯閘的標準圖示。

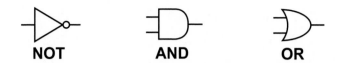

NOT   AND   OR

邏輯閘的輸入與輸出之間的關係，應該與其對應的邏輯運算完全一致。以 AND 閘爲例，兩條輸入線路的電位只有四種狀況，唯有當它們都是 1 的時候，輸出才是 1，其他三種狀況都輸出 0。而 NOT 閘只有一條輸入線路，它把輸入的 0 轉換成 1，或者把輸入的 1 轉換成 0。

讀者或許已經注意到了，如果將代表電位的 0 和 1 視爲整數，則 AND 相當於取得兩個輸入的最小值，亦即 $p \wedge q = \min\{p, q\}$；而 OR 則相當於取得兩個輸入的最大值，亦即 $p \vee q = \max\{p, q\}$。這只是個巧合，但是，有些時候，這個巧合還蠻有用的。另一個有趣的巧合是，$p \wedge q$ 的結果恰好是 $p \times q$。因爲這樣，所以某些人用 $p \cdot q$ 表示「p 且 q」，而用 $p + q$ 表示「p 或 q」；後者並不完全對應整數加法，請讀者留意了。至於 $\neg p$ 也可能寫成 $\sim p$ 或 $\bar{p}$。

除了三個邏輯基本運算 AND、OR、NOT 以外，還有三個常見的運算：NAND (NOT-AND)、NOR (NOT-OR) 和 XOR (Exclusive OR)，通常記作 $\uparrow$、$\downarrow$ 和 $\oplus$。它們的意義分別是

$$p \uparrow q = \neg(p \wedge q), \quad p \downarrow q = \neg(p \vee q), \quad p \oplus q = (p \vee q) \wedge (p \uparrow q)$$

建議讀者自行建立這三種運算的眞值表，其中 $p \oplus q$ 的意思是，僅當 p 和 q 其中之一爲眞時，結果爲眞；XOR 排除了 p 和 q 同時爲眞或同時爲僞的狀況。

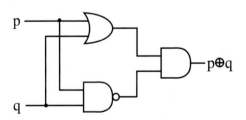

邏輯運算的式子都可以轉化成邏輯閘的數位電路。以 XOR 爲例，用 OR、NAND、AND 組成的 XOR 電路如左圖。圖的下方有 NAND 的圖示，而圖中的小圓黑點表示實際相連的電路，因此同樣的

⟶ 4.17

電位會分岔流進不同的邏輯閘；沒有圓點的直線交點，則在電路上並不相交。假設電流從左向右流動，則 XOR 的電路圖表示輸入的 p 和 q 分岔之後，先同時用 OR 閘和 NAND 閘做了 $p \vee q$ 和 $p \uparrow q$，然後將它們的輸出當作 AND 的兩條輸入，就完成了 $p \oplus q$。

現在我們回頭看第 0 頁的電路。令板子上方的左、右兩個輸入依序爲 p 和 q，它們產生下方的兩個輸出，右邊記作 S (sum) 表示一位數的和，而左

邊記作 C (carry) 表示進位。則 p、q 和 S 的關係是：當 p、q 其中之一為真時，S 為真，當 p、q 皆為真或皆為偽時，S 為偽。這顯然就是 XOR 的關係，亦即

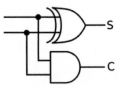

S = p ⊕ q。類似地，不難發現 C = p ∧ q。所以，第 0 頁的盒子裡，就是如左圖的電路，注意圖中有 XOR 的圖示；在模組化之後，我們不必關心 XOR 本身是如何組成的，只要知道它的功能就行了。上述電路稱為半加器 (*half adder*)。

布爾代數

布爾代數也譯作布林代數，都是 Boolean Algebra 的翻譯，此處的布爾是指英國數學家 George Boole，而 Boolean 就是「Boole 的」的意思，可見前者為意譯，後者為音譯：所謂布爾代數，就是布爾為邏輯運算歸納出來的一套演算規則：也就是一批關於邏輯算子的恆等式。包括

$$\neg(\neg p) = p, \quad \neg p \wedge p = \text{False}, \quad \neg p \vee p = \text{True}$$

其中 True 表示恆真，False 表示恆偽。而

$$p \wedge \text{True} = p, \quad p \wedge \text{False} = \text{False}, \quad p \vee \text{True} = \text{True}, \quad p \vee \text{False} = p$$

還有以下等式，把 ∧ 換成 ∨ 都成立：

$$p \wedge p = p, \quad (p \wedge q) \wedge r = p \wedge (q \wedge r), \quad p \wedge q = q \wedge p$$

而在以下等式之中，把 ∧、∨ 同時換成 ∨、∧ 也成立：

$$\neg(p \wedge q) = (\neg p) \vee (\neg q), \quad p \wedge (q \vee r) = (p \wedge q) \vee (p \wedge r)$$

以上等式都可以根據 AND、OR、NOT 的定義，以真值表來窮舉證明，譬如證明 $\neg(p \wedge q) = (\neg p) \vee (\neg q)$ 的真值表如下：

p	q	p ∧ q	¬(p ∧ q)	¬p	¬q	(¬p) ∨ (¬q)
T	T	T	F	F	F	F
T	F	F	T	F	T	T
F	T	F	T	T	F	T
F	F	F	T	T	T	T

真值表的前兩行窮舉了 p 和 q 的所有狀況，而第三行推論了第四行，第五行和第六行推論了第七行。現在，比較第四行 $\neg(p \wedge q)$ 和第七行 $(\neg p) \vee (\neg q)$ 在 p 和 q 的所有狀況下皆相等，所以 $\neg(p \wedge q) = (\neg p) \vee (\neg q)$ 為恆等式。

布爾代數可以用來推論其他的邏輯運算等式。譬如，雖然 AND、OR、NOT 是所謂的基本算子，但是它們全都可以被 NAND 推導出來：

$$p \uparrow p = \neg(p \land p) = \neg p$$

$$(p \uparrow q) \uparrow (p \uparrow q) = \neg(p \uparrow q) = \neg(\neg(p \land q)) = p \land q$$

$$(p \uparrow p) \uparrow (q \uparrow q) = (\neg p) \uparrow (\neg q) = \neg((\neg p) \land (\neg q)) = p \lor q$$

這說明 NAND 能夠組裝任意邏輯閘,所以稱它為萬用閘 (*universal gate*)。讀者不妨自行推論 NOR 也是萬用閘,但因為 NAND 在造價、體積和速度上的優勢,積體電路通常選取 NAND 作為萬用閘。例如布爾代數可以將 XOR 的定義轉換成 NAND 運算式:令 $r = p \uparrow q$,則

$$p \oplus q = (p \lor q) \land r = (p \land r) \lor (q \land r) = \neg((p \uparrow r) \land (q \uparrow r)) = (p \uparrow r) \uparrow (q \uparrow r)$$

根據以上轉換,我們可以用四個 NAND 閘製作 XOR 電路。

p	q	r	C	S
T	T	T	T	T
T	T	F	T	F
T	F	T	T	F
F	T	T	T	F
T	F	F	F	T
F	T	F	F	T
F	F	T	F	T
F	F	F	F	F

半加器只能做一位數的加法。當我們用直式概念作加法時,只有最低的那一位可以使用半加器,從第二位起,除了要輸入加數和被加數以外,還要輸入前一位的「進位」,所以其實每一位都要做三個數的加法。從 p、q、r 三個輸入,產生 C 和 S 兩個輸出的數位電路,稱為全加器 (*full adder*),其輸入與輸出之關係的真值表如左。

全加器的輸入 p、q、r 與輸出 C 之間的邏輯關係,不像半加器那般明顯。一般而言,數位電路的輸入與輸出之間的規格,都不至於相當明顯。然而,布爾代數提供一種方法,可以將輸出與輸入之間的關係,寫成一條邏輯運算的等式。這條等式的基礎是 AND 句式 (AND-*clause*),而其作法就是將使得輸出為真的輸入狀態,一一寫成 AND 句式,然後用 OR 連接起來。例如全加器的

$$C = (p \land q \land r) \lor (p \land q \land (\neg r)) \lor (p \land (\neg q) \land r) \lor ((\neg p) \land q \land r)$$

$$S = (p \land q \land r) \lor (p \land (\neg q) \land (\neg r)) \lor ((\neg p) \land q \land (\neg r)) \lor ((\neg p) \land (\neg q) \land r)$$

讀者可以從以上範例,推敲 AND 句式的定義,然後自行檢驗,以上公式滿足全加器的真值表。這兩條公式雖然正確,卻嫌冗長,布爾代數將能繼續發揮功用,將其化簡。譬如 C 的前兩個 AND 句式可以合併為 $p \land q$,而後兩個可以轉換成 $(p \oplus q) \land r$,所以 $C = (p \land q) \lor ((p \oplus q) \land r)$,這就可以用四個邏輯閘完成其電路。讀者不妨自行推論 $S = (p \oplus q) \oplus r$。

到了這裡,相信讀者已經確實明白,電腦究竟是怎麼「算」的。

國家圖書館出版品預行編目（CIP）資料

計算機概論十六講 / 單維彰著． -- 初版 . --
　桃園市：中央大學出版中心；臺北市：遠流，
2015.08
　　面；　公分
　ISBN 978-986-5659-07-3（平裝）

　1. 電腦

312　　　　　　　　　　　　　104014912

計算機概論十六講

著者：單維彰
執行編輯：許家泰
編輯協力：簡玉欣

出版單位：國立中央大學出版中心
　　　　　桃園市中壢區中大路 300 號

　　　　　遠流出版事業股份有限公司
　　　　　台北市中山北路一段 11 號 13 樓

發行單位／展售處：遠流出版事業股份有限公司
地址：台北市中山北路一段 11 號 13 樓
電話：(02) 25710297　傳真：(02) 25710197
劃撥帳號：0189456-1

著作權顧問：蕭雄淋律師
2015 年 8 月 初版一刷
2022 年 1 月 初版三刷
售價：新台幣 300 元

YLib.com 遠流博識網 http://www.ylib.com　E-mail: ylib@ylib.com